SUPERサイエンス

# 生物発光が人類の未来を変える

国立研究開発法人産業技術総合研究所
近江谷克裕 Ohmiya Yoshihiro
西原諒 Nishihara Ryo

C&R研究所

# はじめに

夏の里山に飛翔するホタル、海辺の水際の夜光虫、ブナ林のツキヨダケなど、生物の放つ光（生物発光）は美しいです。ここで大事なことは、光は生物の巧妙な分子システムで生まれている点です。

生物が放つ光だからこそ、生物発光には無限の可能性が秘められています。その生物発光研究の歴史を含めて、生物学的な多様性、面白さを説明すると共に、その発光する原理、さらには応用例を含めて「生物発光の謎を解く」を出版して約3年が過ぎました。しかしながら、その後の生物発光の応用研究の進展にも目覚ましいものがあります。そこで、生物発光の技術展開を中心に、どのように世界を変えつつあるのか、皆さんに応用技術の展開を中心に紹介したいと思います。

生物発光はルシフェリン・ルシフェラーゼ反応と呼ばれる酵素反応であり、本書を貫くポイントは、「生物発光は冷光」であるということです。ゆえに生物発光は種々の応用展開の可能性が存在することになります。

第1章では生物発光全般にわたるエッセンスを再確認したいと思います。「冷光」とは何か？　なぜ「冷光」なら応用展開が可能なのか？　生物学的な意味も考えながら、説明したいと思います。

第2章ではホタルに代表される発光甲虫の生物発光の仕組みと、その仕組みの上で成り立っている応用研究の現状を紹介したいと思います。特に同じルシフェリンでありながら多彩な発光色である点、ルシフェリンを人工的に合成できる点からの応用展開の例を紹介いたします。

第3章では、発光クラゲなど多くの海洋発光生物のルシフェリンとなるセレンテラジンについて、その仕組みの特徴と多種存在するルシフェラーゼとの応用展開、さらにはセレンテラジンの新たな可能性も紹介いたします。同様に第4章ではウミホタルの発光の仕組みを解説すると共に、ユニークな応用展開を紹介いたします。

第5章では発光キノコ、渦鞭毛藻類などの新たに解明されつつある生物発光システムの応用展開を紹介いたします。

本書全体を通じて、生物発光の研究対象としてのユニークさ、その無限の可能性、さらには、まだ多くの謎を秘めている点をご理解いただくことが、著者らの最大の願いです。本書を書き進める段階で、多くの研究者のご意見やデータを活用した点を心から感謝いたします。

2024年2月

産業技術総合研究所　近江谷克裕、西原諒

# CONTENTS

CONTENTS



Chapter 3

## 世界でもっとも多様なクラゲの光

CONTENTS

Chapter 4

## 日本生まれのウミホタルの光

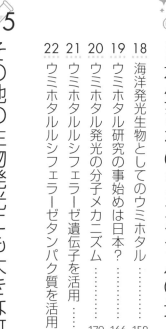



Chapter 5

## その他の生物発光にも大きな可能性

# Chapter. 1
# 世界は生物発光を求めている

SECTION 01

# なぜ、生物発光が世界を変えるのか？

最近、ニュースで紹介された「光る木」を皆さんはご存知でしょうか？　この正体は、発光キノコの生物発光の仕組みを、発光するはずのない植物の中に、バイオテクノロジーの力で導入したことによります。光る木は電気などのエネルギーを使わない、ＳＤＧｓな灯りです。これを街灯に使えば、電力の削減、化石燃料の削減に寄与できます。これは一例ですが、なぜ今、生物発光が注目されているのでしょうか？　それはこの光が「究極の光」だからなのです。

## 生物発光が世界を変える

なぜ、生物発光は「究極の光」なのでしょうか？　第一に生物発光が生み出すことができる光は発光波長４００ｎｍから６５０ｎｍまでの多彩な可視光と７００ｎｍ前後までの近赤外光です。光には生命情報の肝であるＤＮＡを壊す紫外線や熱を生み出す赤外線がありますが、これらに比べて、生物発光の持つ波長領域は生体にやさしい「究極の光」です。

第二に、生物発光は「冷光」と呼ばれるほど、効率よく生み出される光だからです。熱をほとんど発しないので、微生物、植物や動物の中で用いても毒になることはありません。よって、大腸菌を光らせても、植物を光らせても、さらには哺乳類自体を光らせても、その生物の命を脅かすことはありません。生体で安全に使うことができる「究極の光」です。

第三に、生物発光は生物が進化の過程で「有り合わせの材料」によって生み出された生物の光だからです。本書で紹介しますが、光の材料がアミノ酸であったり、クロロフィルであったり、代謝産物であったりと、生物の仕組みそのものを利用することによって生み出すことができる光です。電気や熱などを必要としない、生命力そのものが生み出す「究極の光」です。

究極の光である生物発光の仕組みを理解し、活用すれば世界を変えることができると言っても過言ではありません。

SECTION 02

# 動き出した生物発光の新活用

今、世界は何を求めているのでしょうか？　安全、安心な社会というのが1つの答えでしょう。では生物発光は安全、安心な社会に貢献できるのでしょうか？　また、世界が解決したい問題は何でしょうか？　エネルギー問題の解決や健康な長寿社会の構築でしょうか？　その課題解決に生物発光は役立つのでしょうか？　答えはすべてYESです。

## どのように世の中に役立つものなのか?

従来、生物発光の応用といえば、酵素であるルシフェラーゼ遺伝子を利用したレポータアッセイが最も一般的で、ホタルやウミシイタケのルシフェラーゼを用いた遺伝子発現解析が中心でした。

本書でも紹介いたしますが、細胞による毒性評価や生理活性物質同定などに活用されてきました。最近のレポータアッセイは、より複雑な遺伝子の動きを知ること、多検体のサンプル評価ができることなどから、健康により有効でかつ安全な活性物質が見つかり、商品開発も行われています。

高感度にモノを測定するという観点から、酵素自体がＡＴＰアッセイとして微生物検査や、ＳＮＰｓ解析などの遺伝子配列の解析に用いられています。また、抗体と融合させることでイムノアッセイの発信体に用いられています。さらに、まだ実用化はされていませんが、イメージング装置の高感度化に合わせて病理診断などの定量的な解析に威力を発揮する可能性があります。これらの現状は各章で紹介いたします。

## 新しい動きとは？

生物発光の大きな課題の1つは、基質の合成経路です。タイの研究グループは、ホタルの基質合成経路を利用し、いくつかの酵素を加えることで農薬を基質に変え、発光により残留農薬を検出する方法を生み出し、現在、商品化しようとしています。彼らは化学合成に頼らない、SDGsに配慮した製品開発も志向しております。

一方、光る木の中では、解明された発光キノコの基質の合成経路を、光ることのない植物の中で再現させています。すでにロシアでは、光る木のビジネスが生まれ、エネルギー問題に新たな可能性を提起しました。また、発光バクテリアの生物発光を哺乳類細胞で再現させることで、自動で光る細胞の開発も行われていて、ここでも化学合成に頼らない、生物に優しい光を志向しています。このように、地球課題に対応する光としての可能性が生物発光にはあります。

従来の応用例の多くは、第2章から第4章までのホタル、ウミシイタケやウミホタルの生物発光の仕組みとなります。各章で新たな可能性を含めて紹介いたします。また、第5章では今後活躍が期待される生物発光について紹介いたします。

SECTION 03

# ルシフェリン・ルシフェラーゼ反応とは？

生物発光はルシフェリン・ルシフェラーゼ反応という酵素反応であると説明されますが、どのような経緯で見つかってきたのでしょうか？　歴史を紐解きながら説明します。併せて、生物発光の定義も考えてみましょう。

## 生物発光研究の事始め

光る生物の存在は古くから知られており、紀元前の科学者であるマケドニア生まれのアリストテレスは死んだ魚やキノコが光ること、また、ホタルやホタルの幼虫が光ることを知っていました。それらの観察を通じて、彼は生物発光が熱を発しない「冷光」であると記しています。これは、古代人にとって「光は暖かいもの」、あるいは「熱くて危険なもの」であるという認識を変えるもので、アリストテレスの科学の目が確かなものであることを物語っています。この「冷光」であることが生物発光の応用につながります。「冷光」はこの本全体での重要なキーワードになります。

## 科学者が見つめた生物の光

ボイルはボイルの法則を見つけるなど、自然現象に目を向けた偉大な科学者の一人です。そんな彼が「冷光」に興味を持ちました。発光には何が必要なのか、彼が注目したのは空気です。そこで真空ポンプを用いて、空気の無いときのホタルを観察しました。当然、ホタルは生きていませんが、空気がない状態では光りません。しかし空気を入れると、再び光り始めることを観察しました。生物が光るためには、ローソクの炎が光ると同様に空気が必要であることを発見したのです。ローソクの光は熱いですが、ホタルの光は熱くありません。彼は「冷光」の意味を改めて知ったのでしょう。同様に光る木（発光キノコによる）や光る死んだ魚や肉（発光バクテリアによる）の発光にも空気が必要であることを明らかにしました。

## 生物の光を生み出すのは空気の中の酸素

ボイル以降もフックの法則のフックやフランクリンなども生物が光る現象に対する研究を行っていました。特筆したいのは「近代化学の父」ともいわれるラヴォアジェの酸素の発見です。それまでの研究者たちはギリシャ時代から続く土、空気、火、水の４大元素説の呪縛から未だ逃れられず、「光を伴う燃焼」とはフロギストンという物質の放出過程と考えていました。しかしラヴォアジェは、それまであらゆる発光の説明に使われていたフロギストン説を否定します。そして、１７７７年には動物は酸素を吸って二酸化炭素を放出することを発見しました。

## 生体内の化学反応は体温で進行

紀元前の時代から人々は酵素の存在を知らなくても、それらを利用して乳酸（ヨーグルトなど）やアルコールを造ってきました。しかし19世紀になると、生体内で起きる反応に目が向けられ、１８８３年にはパヤンとペルソという2人の生化学者がジアスターゼ（アミラーゼ）と呼ばれる消化酵素を発見しました。つまり、有機化合物は化学反応によって生み出され、この化学反応には酵素の働きが必要なことがわかったのです。例えば、現在、水素の生産で注目されるアンモニアは、窒素と水素の化学反応で合成されますが、人工的に合成するには高温・高圧の条件が必要です（ハーバー・ボッシュ法）。しかし、人の腸内であるなら、タンパク質やアミノ酸を分解する腸内細菌の酵素の働きで体温レベルでも簡単にアンモニアは合成されます。生体内の化学反応には酵素が必須なのです。

## 酵素とは？

「酵素」とは生体内で起きる化学反応を触媒するタンパク質を指します。触媒とは化学反応を起こす場を提供し、反応に必要な活性化エネルギーを下げるもの、触媒自身は変化しないものと定義されます。酵素もまた、生体内の化学反応（生化学反応）の場を提供しますが、タンパク質ゆえに熱や有機溶媒に弱く、タンパク質の立体構造が壊れることで、酵素活性が失活（触媒機能が失われること）します。逆に言えば、熱を加えることで化学反応が進まなくなれば、そこに酵素の力が存在することになります。酵素反応において化学反応の元となる化合物を基質と呼んでおり、この基質が酸化されたり、還元されたりするなど、化学反応によって基質は異なる化合物になります。よって、熱を加えることで酵素反応が止まり、基質は残ります。一方、適温で酵素反応を進めれば、基質はなくなりますが、酵素の力は維持されます。

## ルシフェリン・ルシフェラーゼの発見

デュボアはリオン大学の一般生理学の教授でした。1886年、彼は西インド諸島のヒカリコメツキを入手し発光器を水中ですりつぶすとしばらく光りますが、徐々に光らなくなること（抽出液B）、一方、熱水ですりつぶすとまったく光らないこと（抽出液A）を発見しました。彼が凄い所は、この2つの抽出液AとBを加えると再び光り始めることを発見したことです。

この時代の研究者は生体内の化学反応には酵素が必須であることを理解していました。彼はこの現象を「抽出液Bは酵素が失活したもので化学反応できる物質（基質）が残っている。一方、抽出液Aには酵素が残っているので、2つの抽出物を混ぜると発光する」と説明しました。そして、この光を生み出す化学反応の基質をルシフェリン、その反応を助ける酵素をルシフェラーゼと命名しました（図1-1）。

つまり、ルシフェリンは酸素と化学反応し、その反応はルシフェラーゼの酵素作用によって触媒され光を放つことが明らかになったのです。2つの言葉に共通する「ルシフェ」は「ルシファー」という天使から悪魔になった「堕天使」や「明けの明星」を表したものを語源としています。

## ヒカリコメツキ以外にもルシフェリン・ルシフェラーゼ反応

生物発光であるか否かを見つけるのは、基

●図1-1

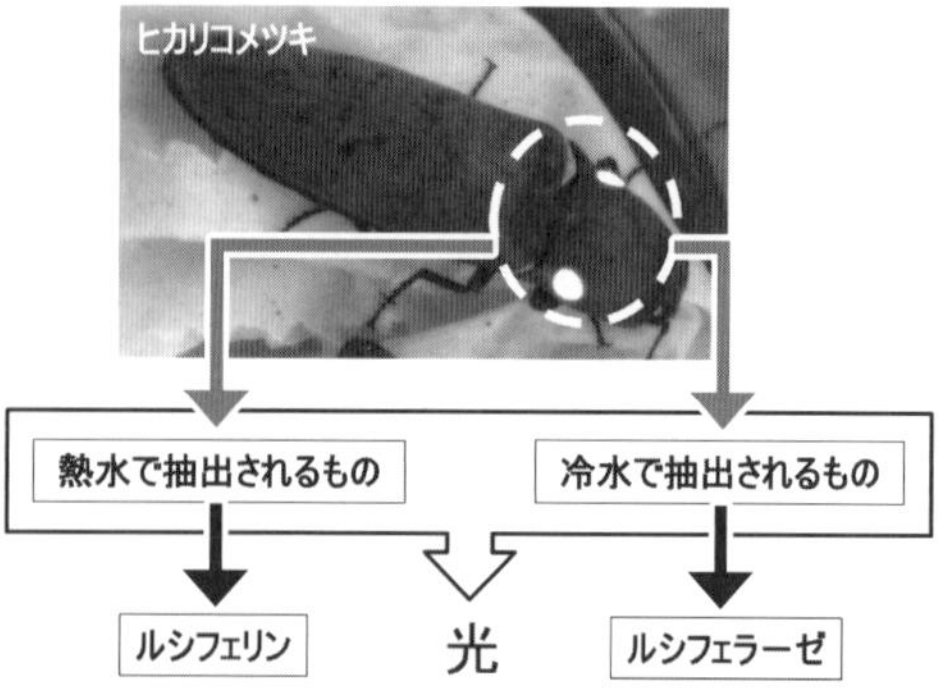


デュボアはヒカリコメツキの熱水抽出物Aと冷水抽出物Bを混ぜると光ることを発見し、これをルシフェリン・ルシフェラーゼ反応とした。

本的にはデュボアの定義になります。ホタル、ウミホタル、ウミシイタケ、ウミサボテンなど、発光器の水抽出物と熱水抽出物の混合という方法により生物発光の光であることが確認されました。第2章以降では、個々の発光について触れていきたいと思いますが、この定義で確認できなかったものもあります。発光クラゲやオキアミなど、その代表例ですが、発光タンパク質と言われるものも存在します。これも第2章以降で取り上げます。

ここで重要な点は、光る生物が違えば、ルシフェリンの構造が異なることです。また、同じルシフェリンであっても、ルシフェラーゼの構造が小幅に異なることと、あるいは大幅に異なることがあることです。第2章で紹介するホタルの発光はルシフェリンの構造が発光甲虫を含めてすべて共通です。しかし、発光甲虫によって大きく発光色が異なるのはルシフェラーゼの構造の違いに起因するとは考えられますが、その構造の違いは大幅には異なりません。一方、第3章で紹介するウミシイタケなど海洋発光生物のルシフェリン(別名セレンテラジン)は同じものであっても、発光生物によりルシフェラーゼの構造は、種を越えると随分と異なる構造、分子進化の異なる酵素となっています。詳細は第2章以降で説明します。

SECTION 04

# 生物発光はどうして冷光なのか?

生物発光を特徴づける重要な点は、それが「冷光」であることです。では、どうして冷光は生まれるのでしょうか?　光が生まれる原理を含めて考えてみましょう。

## 生物発光は化学反応

おさらいしますが、生物発光の仕組みの基本は生体内に起きる化学反応ということです。化学反応にはいくつかの種類はありますが、モノが燃えることと同様の酸化反応です。化学物質Aが酸素と結合してAの酸化反応物ができるとともに水か二酸化炭素が生成します。ファラデーの「ロウソクの科学」ではロウソクの中の成分で水素と酸素が化

●酸化反応

$$A + O_2 \rightarrow A'(\text{Aの酸化物}) + CO_2 \quad \text{または} \quad H_2O$$

学反応して水ができ、その際に熱と光が生まれると説明しています。つまり、この式が基本式です。

生物発光の場合は、Ａがルシフェリンとなります。Ａが酸化されたものをオキシルシフェリン（Ａ'）と言います。ホタルの発光などでは二酸化炭素$CO_2$が生成しますが、渦鞭毛藻類の生物発光ではルシフェリンが酸素と反応してオキシルシフェリンと水$H_2O$が生成します。一般に化学反応では酸化反応で熱が発生しますが、生物発光では熱を発生しません。それは酵素が反応を効率よく進め、化学反応で生まれるエネルギーの多くを光エネルギーに変えるからです。冷光とは熱を極力発生させない化学反応で生まれた光エネルギーということです。

## そもそも光とは？

光は電磁波の一種ですので、ときには波のように、ときには粒子のようにふるまいます。生体が放つ生物発光で扱うのは、その中でも可視光といわれる領域です。また波長でいえば４００-６５０ｎｍ（ナノメートル＝ミリメートルの百万分の一）前後、つまり紫色から赤色の光となります。人間が見える可視光はエネルギーの高い紫色から藍、青、緑、黄、橙、赤色とエネルギーが低くなる順に変化します。波長でいうと４００ｎｍ付近の紫色から６５０ｎｍ付近の赤色を可視光といいます（図１-２）。一方、４００ｎｍ以下はエネルギーが高い紫外線、６５０ｎｍ以上はエネルギーの低い光、近赤外線、赤外線と呼びます。紫外線はエネルギーが高いことで生物にとって最も重要な遺伝子ＤＮＡを傷つけることになります。また、近赤外線や赤外線のエネルギー自体は低いですが、分子を振動させ熱を発生させる力があります。そんな意味で生物発光が可視光であることは生命に最も安全な光だからかもしれません。図１-２では代表的な発光生物の発光波長の範囲を示しています。

●図1-2

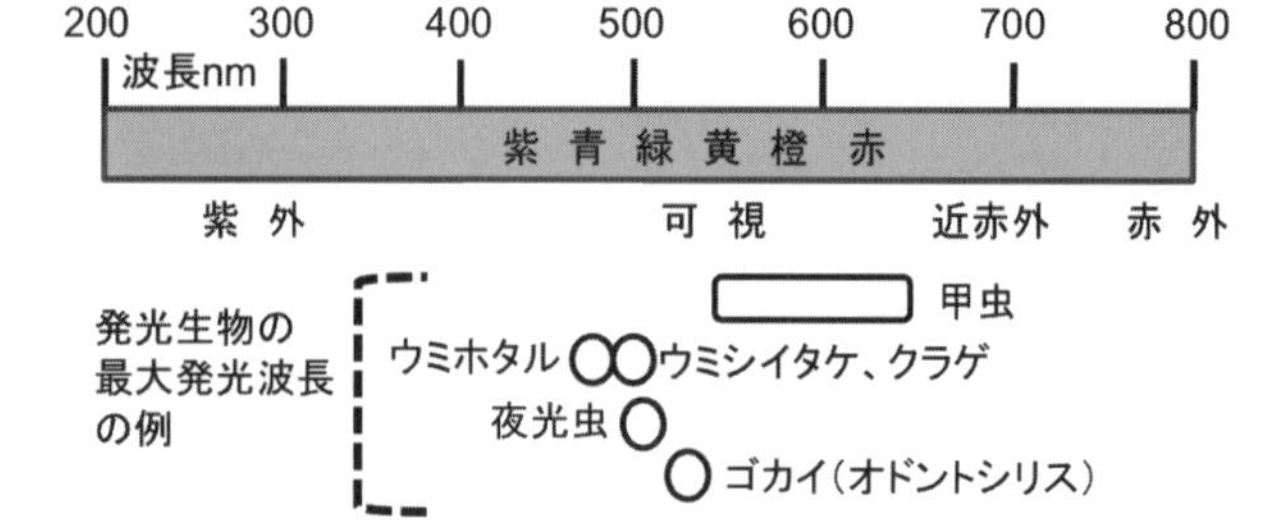


光は波長により、紫外線から赤外線まで分けられ、可視光の中に発光生物の最大発光波長がある。

## 光にもいろいろとある

光には「熱からの光」、「光からの光」、「電気、電子からの光」、「機械力からの光」があります。例えば、太陽光は「熱からの光」で、電球の光と同様に熱エネルギーの一部が光エネルギーに変わったものです。これは黒体放射ともいわれるもので、高温ほど光強度が強くなります。「光からの光」は、光エネルギーで物質Aのエネルギー状態を励起して、別の波長の光を発生させることを指します。蛍光灯の光や蛍光ペンの有機色素などの光もこれにあたります。

「電気、電子からの光」は気体の放電に伴うもので、ネオンサインや稲妻などで、電気が引き金となり、光を発します。各種ランプに利用される発光ダイオード、TVなどのディスプレイとなる有機、無機ELもまた電流によって励起された色素が光を発しています。そして、「機械力からの光」は蛍石以外でも古くから石と石を強くこすり合わせたり、岩石を破砕したりしたときに光を発する現象を指します。

## 生物発光は「化学反応の光」そして「光からの光」

生物発光を分子レベルで見ると、化学反応で生まれたオキシルシフェリンは高いエネルギーを持つ励起状態にあり、それが基底状態に移るときに発光します。発光生物の中では励起状態にあるオキシルシフェリンの高いエネルギーが別の蛍光体を励起して異なる波長の光を発生させることもあります。よって、「光から光」が生まれるのも生物発光です(図1-3)。

これを、エチルアルコールの燃焼による光で考えてみましょう。アルコールの燃焼では酸素と反応して二酸化炭素と水ができます。前述したように、これは酸化反応と呼ばれる反応です。

●図1-3

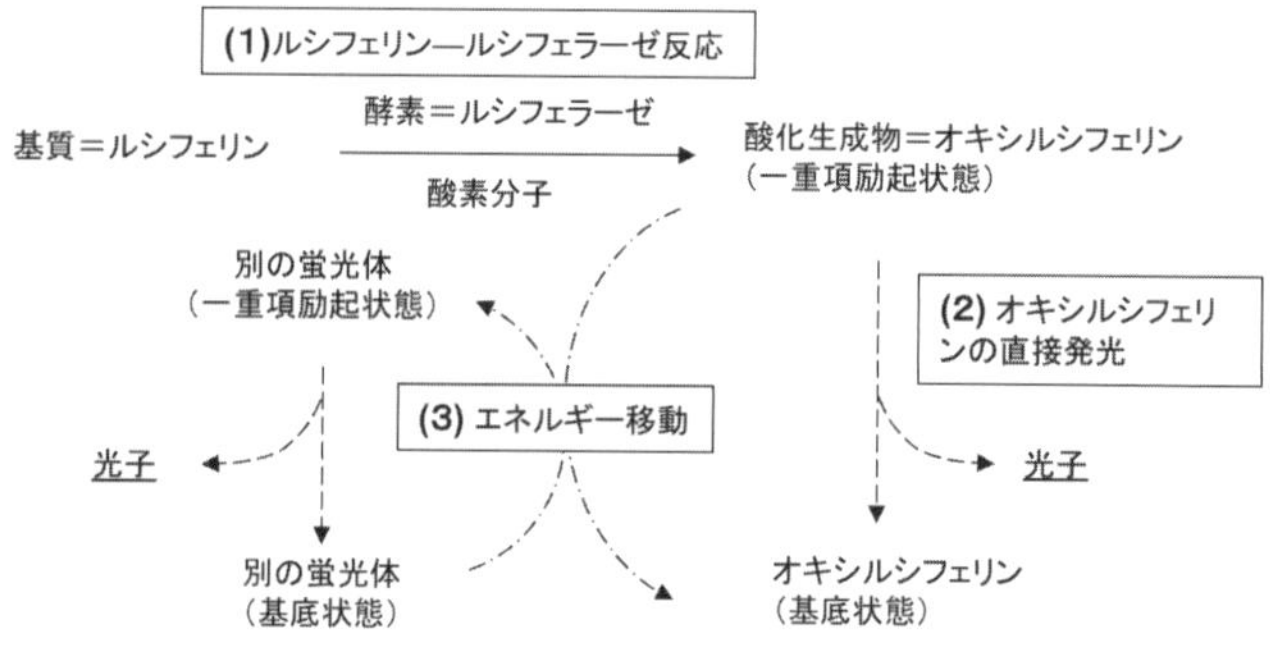


ルシフェリン・ルシフェラーゼ反応(1)により生まれた励起状態の蛍光体が直接発光(2)、あるいは別の蛍光体にエネルギー移動して間接的に発光(3)する。

この場合、炎の光は燃焼によってOH、CHなどのラジカルといわれる不安定だが励起して高いエネルギーをもつ分子ができ、それらが基底状態に移るときに発光すると説明できます。ただし、アルコールの燃焼では、そのエネルギーの大半は熱エネルギーとなります。冷光が生まれるには、熱エネルギーを作らない場を提供する酵素ルシフェラーゼが重要であることがわかります。

## 発光の正体はルシフェリンではなくオキシルシフェリン

ここで代表的なルシフェリンとその酸化体であるオキシルシフェリンの構造を図示します(図1-4)。

5員環や6員環といった複素環式化合物が基本骨格になっている点がわかります。複素環式化合物の特徴として高い電子状態をとることが可能で、光を生みだす段階で高い蛍光性を示すことができます。よって、発光の正体(発光種、あるいは発光体)はオキシルシフェリンです。

蛍光分子の要件として、π共役結合(共役2重結合)があります。π電子が電気や光

●図1-4

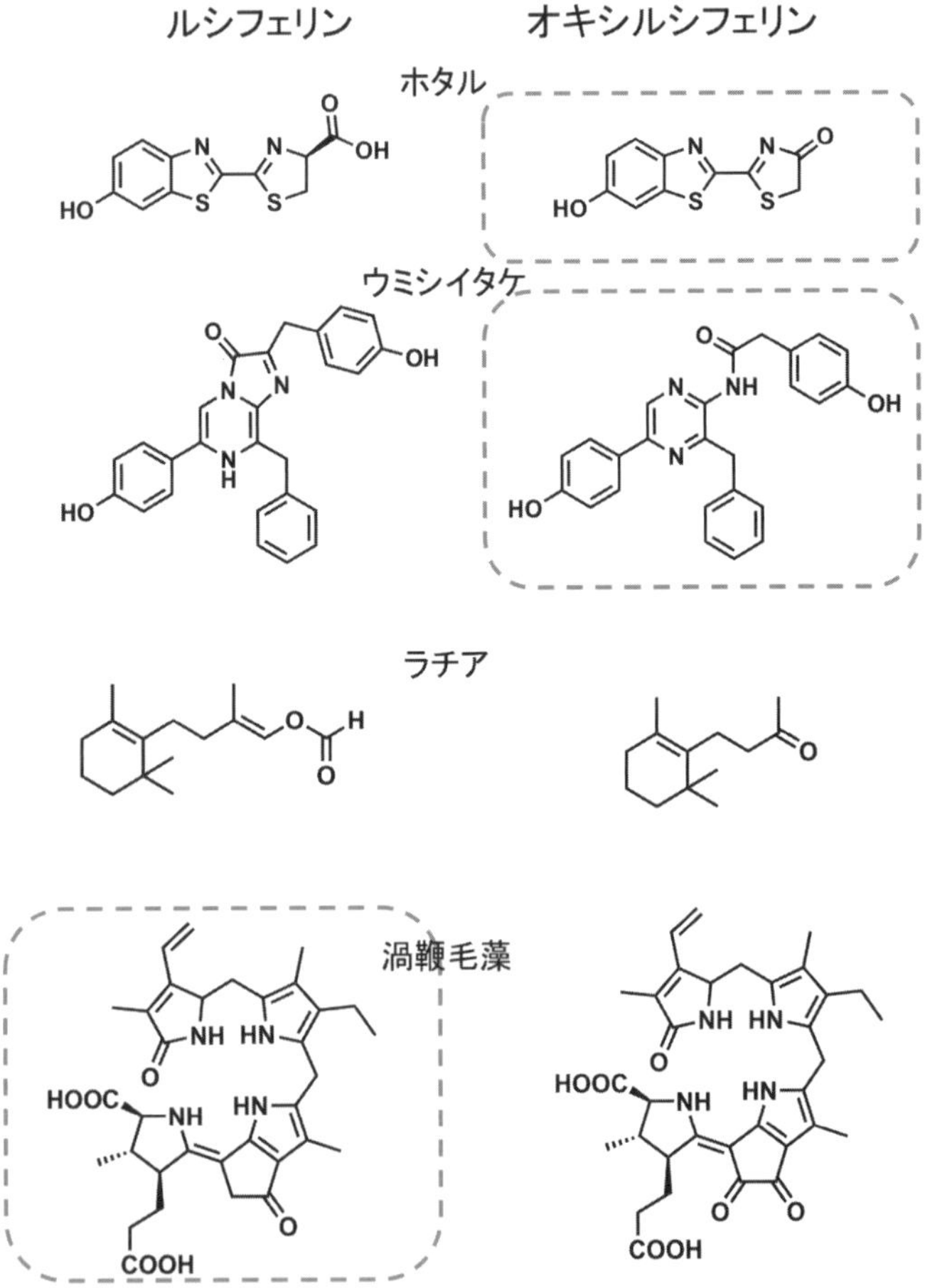


代表的なルシフェリンと、その酸化体(オキシルシフェリン)の化学構造。点線で囲む化合物には蛍光性がある。

からエネルギーを受け取って励起されますが、それが基底状態に移るときに電磁波を発します。この共役状態が多くなることで電磁波は紫外線だったり、可視光だったりします。

オキシルシフェリンの構造をみれば、共役状態が分子全体にわたり、可視光が放出しやすいことがわかります。ただし、発光貝由来のラチアオキシルシフェリンや発光性渦鞭毛藻類由来のオキシルシフェリンの構造では、共役構造が途中で崩れ、蛍光性が十分にないこともわかります。これらの発光体が何かは十分に解明されていません。

## 冷光の秘密とは？

繰り返しになりますが、ルシフェリンの酸化反応で生まれた励起状態のオキシルシフェリンは基底状態に移るときに光を発します。ただし、基底状態に移るとき、すべてのエネルギーが光エネルギーとなり、蛍光分子であるオキシルシフェリンから光を発することはできません。これは励起された分子の不安定性、つまりは分子の揺らぎ（分子振動）として一部のエネルギーが散逸するからです。理想的な反応なら1回の化学反応ですべてのエネルギーが光となり、1個の光子を発するはずですが、そんなことはありません。このエネルギーの散逸の度合いを決めるのが酵素の力になります。

よって、冷光を作る際の決め手は、酵素ルシフェラーゼになります。特に活性部位と呼ばれる反応の場が重要です。オキシルシフェリンの蛍光性は、そのπ共役結合の安定性に関連します。ルシフェラーゼの活性部位ではオキシルシフェリンを取り囲むアミノ酸によって立体構造が形成され、オキシルシフェリンの励起状態の制御、基底状態に移る際の蛍光性の高さを決定します。これによって冷光の強度(光子の数)が決まります。

一方、冷光の色はどのように決まるのでしょうか? 大雑把な表現ですが、励起状態と基底状態の差がエネルギーの大きさとなります。前述したようにエネルギーが大きければ低波長、可視光の色で言えば紫や青色になり、エネルギーが小さければ赤色の光になります。発光生物は紫色から赤色の多彩な光を発しますが、この多彩な「冷光」が応用研究を開く鍵になります。

SECTION 05

# 冷光とは何か？

「冷光」を特徴づけるのが量子収率ですが、量子収率とは何か？　どのように測定されるのか？　応用に用いる際に最も重要な発光強度とは何かを考えてみましょう。

## 冷光の指標の1つが量子収率

化学反応の効率を測るには、収率という考え方があります。化学反応では出発物質から生成物が生まれますが、それら2つの量の比を指します。収率が高い反応ほど、効率の良い反応となります。酸化反応であるなら一般的には基質Aから生成物A=Oができる比が効率となりますが、生物発光の場合は、生成物を光子と考え、1反応あたりいくつの基質ルシフェリンが使われ、いくつの光子が生まれたかの確率を発光量子収率といいます。

ただし、量子収率は他の光の関係でも使われており、例えば、「光からの光」では1個の光子を吸収した蛍光化合物が、いくつの光子を発生するかで（蛍光）量子収率となります。また、「電気からの光」ではLED（発光ダイオード）の電圧を加えた半導体素子が発する光子の割合を量子収率とします。

## 生物発光の量子収率を決める要素は？

セリガーとマッケロイによりホタルの発光量子収率が0・88±0・25と決定されたのは1960年のことでした。この値の高さから、ホタルの光は、熱の発生が伴わない光、冷光に相応しい光とされました。しかしながら、ほとんど量子収率1に近い光が生まれることに懐疑的な見方もありました。そんな疑問のもと再評価が行われたのは約50年後のことでした。

東京大学の秋山グループが校正をしっかりし再測定した結果、0・41±0・7と発光量子収率は修正されました（図1-5）。その後、同じホタルのルシフェリンでも酵素ルシフェラーゼの違いによって0・2〜0・6まで異なることが明らかになり、また、赤色に近くなればなるほど量子収率が低下することもわかりました。

では、発光量子収率を決めるのは何でしょうか？「冷光の秘密とは」でも前述したように酵素ルシフェラーゼの活性部位と呼ばれる反応の場となります。

●図1-5

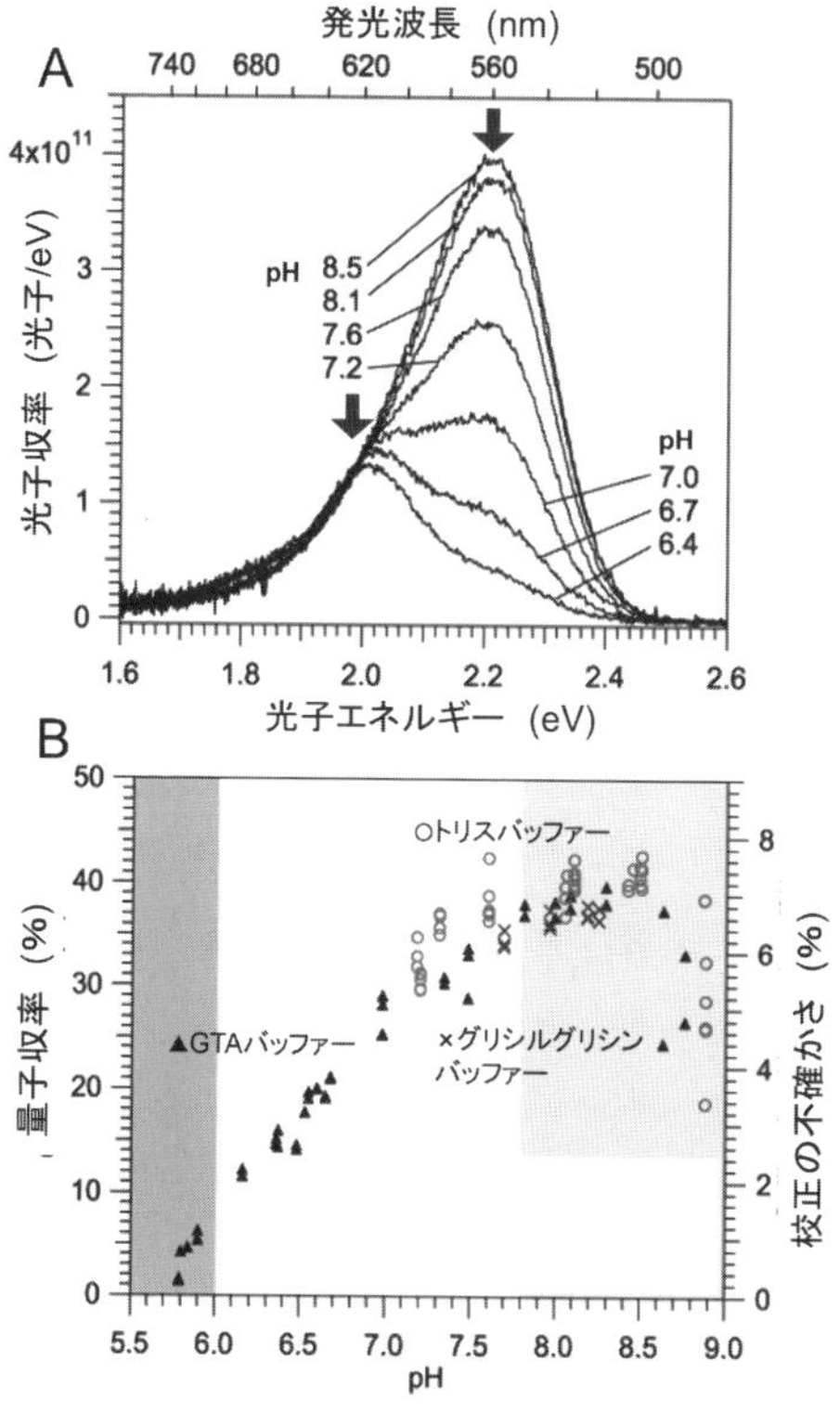


Ando Y *et.al.*: *Nature Photonics* 2, 44-7, 2008の図を一部改変

アメリカ産ホタルルシフェラーゼの量子収率の再測定。
(A)異なるpHでの光子エネルギー、発光波長に対して測定された発光スペクトル。
(B)pHに対する量子収率の違い。最大発光量子収率はpH8前後で0.41付近となる。

同じホタルルシフェリンに対するルシフェラーゼでも、その酵素としての活性部位の構造的な違いによって、オキシルシフェリンの励起状態が生み出す蛍光性の違いや励起状態から基底状態に移る際のエネルギーの散逸の差が反映していると考えられています。

## 量子収率の測定法

量子収率の測定を簡単に説明すると、ルシフェリン・ルシフェラーゼ反応の前後で光の素となるルシフェリンの量を正確に測ると共に、反応中に生成される光子の数を正確に測定すれば良いことになります。反応で生まれたオキシルシフェリンの数Nと測定された光子数Pの比P／Nが量子収率となります。Nは反応後に生成されるオキシルシフェリン数になります。一般に正確に光子数Pを測定することは容易ではありません。なぜなら、光は特定の方向に都合よく発するわけでなく、四方八方に飛び出すからです。検出器の受光面に到達する光が発した光の何パーセントになるかを決めることや、検出器の性能を十分に理解することが重要となります。1つの手段として積分球を用いる方法があります。積分球は光源から生じたあらゆる方向に向かう光子が球体内面で何回か反射し検出器に集まるので、これを利用して光源の明るさを測定する方法です（図1-6）。それ以外にも値付けられた標準光源で正確に光子の集光効率を校正して測定する方法などもあります。

## 実際の発光生物の光の強さ

ここで重要なのは、実際の生物発光の光の強さは量子収率だけで決まるものではないことです。酵素反応であるので、基本的には生化学で習うミカエ

●図1-6

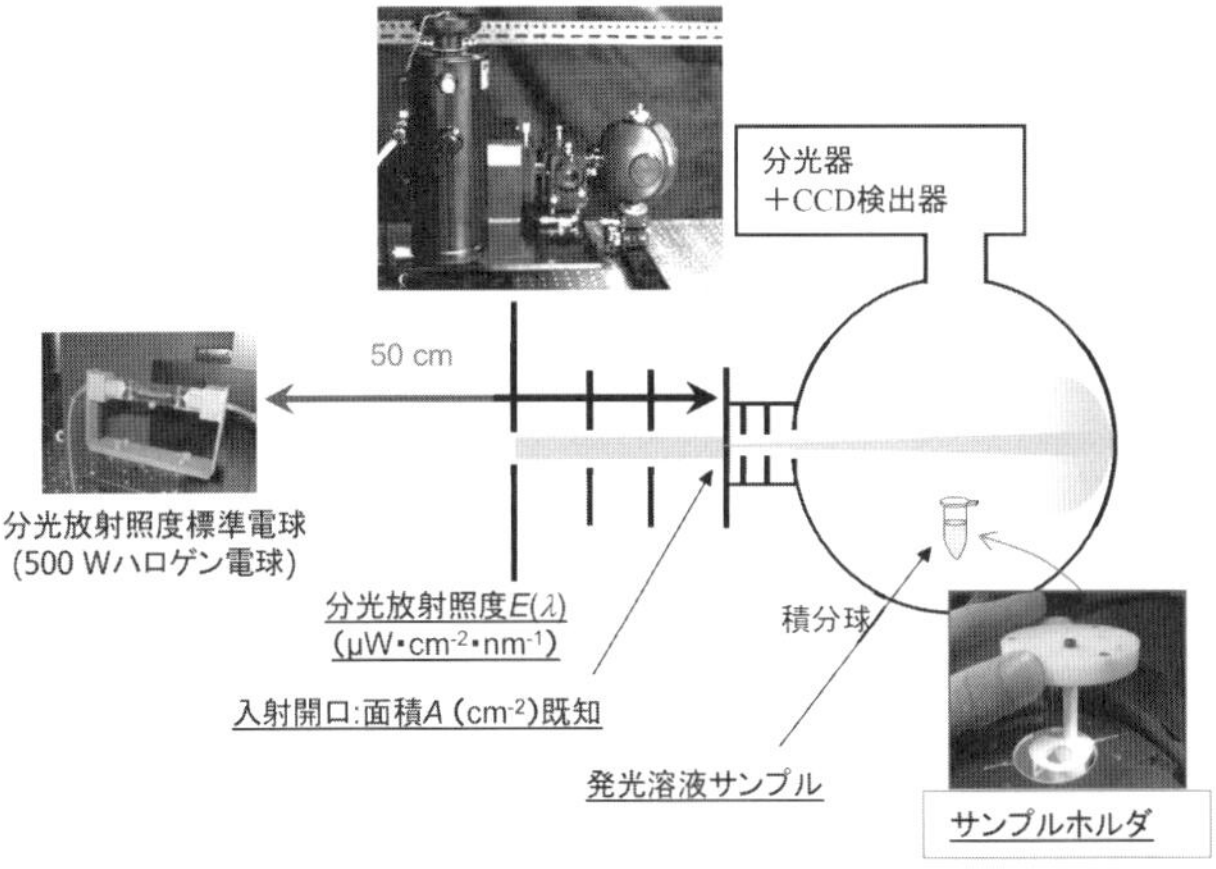


Niwa K *et al.*: *Chem.lett.* 39: 2010の図を一部改変

光子数に変換可能な校正された積分球を用いた発光スペクトルの測定の概略図。50cm離れた分光放射照度標準電球から積分球に入射された光によって、CCD検出器を光子数として校正し、その後、積分球内に発光溶液サンプルをおいて発光強度を測定する。

リス-メンテン式で考えることができます。少し難しくなるので結論だけ記しますが、全光子束$I_{lm}$（化学反応溶液から放出される全光子数の時間密度、光の強度（発光強度）と同義）は量子収率QY、$K_{cat}$（酵素1分子あたりの反応速度）、[E]（酵素の濃度）の掛け算で決まります。

ここでも重要なことは、酵素の力です。量子収率はルシフェラーゼのもつ潜在的な能力と言えましょう。反応速度はいかに反応を進めるかということとなり、ルシフェリンの供給力や反応条件（pHや温度など）に左右されます。そして、酵素濃度はルシフェラーゼがタンパク質なので、変性などに伴って本来の力が発揮できないことがありますので本来の酵素活性が発揮できるか否かが重要になります。

これら3つのファクターが発光の発光強度を決めています。第2章以降で説明する応用例では最適化された発光強度をいかに引き出すかが、応用の鍵となるわけです。

なお、光の強さを表現する単位に「光度」や「輝度」があります。この違いを確認のため説明しますが、光度は光源の強さ、輝度は人の感じ

●生物発光の光の強さの式

$$I_{lm} = QY \times K_{cat} \times [E]$$

る明るさとも言われており、光度はカンデラ（cd）、輝度は光度（カンデラ）毎平方メートルであらわせます。しかし、生物発光は一方向に発せられる光ではなく、全光子束を表すのには「光度」や「輝度」という言葉には違和感があります。この本では生物発光の光の強さを「光の強度」、「発光強度」や「発光量」という言葉で表現することにしました。

## 検出器の違いによる光計測の難しさ

発光強度の測定に用いられるのが光検出器となります。代表的なものに光電子増倍管、フォトダイオード、CCD（電荷結合素子）などがあります。光電子増倍管は光子の入射により電子が発生する光電面と、その電子を増幅させるダイノード部が一体化した構造を取った真空管です。溶液の発光量の測定に適しており、光電子増倍管を検出器とした多くのルミノメータ（製品名）が市販化されています。ただし、光電面の光検出には波長特性があり、青色に比べて赤色では数分の一の検出感度となります。よって、発光色の異なる生物発光の発光強度の比較に注意しなくてはいけません。つまり、人間異なる色の発光を簡単に明るいとか暗いとか言ってはいけない理由がこれです。

の目も同様で、青い光に比べて、赤い色の光は暗く感じるのは、検出感度の違いに起因します。

フォトダイオードは光半導体を用いた光検出器で、半導体のP、N接合部に光が当たると、電解の移動が起こり、電流を発生し、カソードからアノードに向かって流れる電流の大きさによって、光の強度を測定するものです。光電子増倍管のような高い増倍能による高い感度性能がないため、比較的発光強度の高い発光系を測定する簡易なルミノメータに使用されることが多いです。ただし、波長感度特性が光電子増倍管より広く、材料にシリコンを用いた場合、190-1100nmの光を検出することができます。

CCDは半導体であり、例えばデジタルカメラで500万画素という言葉で表現されるように5~20㎛程度の受光部から構成されます。冷却することで高感度に広い波長域で光を計測できることからカメラに搭載すれば、極微弱な発光する細胞の光を、あるいは溶液から発する光を分光すれば、発光スペクトルの測定などにも用いることができます。本書の中では、応用展開によって、異なる光の検出器を使っているので、そのつど、説明いたします。

SECTION 06

# 光の生物学的な意義

この章を終わるにあたり、発光生物の生物学的な意味を理解し、応用にかかわるヒントを考えることにしましょう。

## 生物発光の役割

光を見る仕組みを考えるとき、多くの生物には光を感受する視覚機能があることが重要になります。一般に発光生物の光る役割として生存戦略に活用されていることです。その役割は大きく分けて、カウンターイルミネーション、光の煙幕、威嚇・警告、分身(ダミー)を残す、エサの捕獲・照明用、コミュニケーション・求愛などと考えられています。つまり、相手が光を感受する能力があるからこそ、光を発しているのです。

例えば、カウンターイルミネーションはカウンターシェーディングとも言いますが、これは忍者でいう隠れ身の術です。忍者は闇夜に黒い服を着るのは自分の姿を闇に同化させるためです。では、海の中はどうすれば同化し、姿を消すことができるでしょうか?

海に注ぎ込む太陽の光は水によって赤色の光から吸収され、海面からの水深およそ200mの中深海層では、水面に比べて100分の1程度の光の量になり、到達できる光は青色のみです。そこで、例えば、発光するサメやホタルイカは周りの光の強さに応じて、青色の光の量を調整することで、自分の影を消しています。影を消すことで、より深い場所にいる敵から襲われるリスクを減らしているのです。つまり、相手の視覚能力に対して、生物発光の色や発光強度がうまく対応していることになっています。これこそ、生存戦略としての生物発光の役割です。

## 生物発光はコミュニケーションツール

比視感度とは人の目が光の各波長の明るさを感じる強さを数値化したものです。明るい場所に順応したときに、人の目の最大感度は、明るい所では555nm付近の緑色の光を最も強く感じ、暗いところでは507nm付近の青緑色光を最も強く感じるとされています。同様に、ホタルの場合は個々のホタルの比視感度はホタルごとに異なっています。例えば、ヒメホタルの最大発光波長は570nmの黄色の発光であるのに対して、アキマドボタルでは最大発光波長は550nmの緑色の発光となり、それぞれの比視感度はそれぞれの色に対応しているとされています。つまり、発光色の違いが最適な視覚の違いを表しているのです。

一方、ホタルの発光パターンは多様に変化します。例えば、熱帯地方のホタルでは一本の木で別々に光っていたものが、少しずつ同調を始め、最終的には木全体の無数のホタルがシンクロナイズして発光することがあります。後述しますが、ホタルの発光は2段階の化学反応を経て光を発します。そのため、各段階で発光を制御することが可能で、多彩な発光が分子レベルで制御可能です。ホタルを代表とした発光甲虫の生物発光が多くの応用例があるのは、分子レベルで発光色、発光パターンが制御できることが鍵になっています。

## 生物発光は照明

夜の森に入ると発光キノコを観察することができます。特にブナ林などには比較的強く発光するツキヨダケなどが自生しております。筆者らはオーストラリアの森の中でグリーンペペと呼ばれる明るい発光キノコが道標のように発光しているものを目撃したことがあります。同様にキノコの発光に興味を持った鳥などが近づくことでキノコの一部が付着して、菌糸や胞子が別の場所に運ばれて生息域を拡げることに役立っているようです。発光キノコの光の生存戦略は生息域の拡大とも考えられています。

最近、ロシアの研究者がキノコの生物発光の仕組みを明らかにし、その仕組みを元に発光する植物の作成に成功しました。光る植物は新しい照明、街灯として活躍するのかもしれません。

キノコ以外にも発光性渦鞭毛藻類はクロロフィルの代謝物をルシフェリンとしていることから、これも光る街灯の候補になるのかもしれません。

## 威嚇・警告は生物発光の使命

ウミシイタケ、ウミサボテンは相手に触れられた場所が発光します。一種の警告シグナルとして生物発光を用いているようです。同様に発光クモヒトデも襲われたときなど多彩な発光パターンで相手を威嚇します。このように生物発光は相手に警告するという意味で発光する生存戦略を持っています。

生物発光の応用を考えたとき、警告シグナルとしての活用もよく行われています。イスラエルの研究者は地雷が発するTNT火薬の分解物が発する物質を検知する大腸菌を作成し、生物発光する仕組みを組み入れることで検知に成功しました。真っ暗な砂漠の中に仕組まれた地雷を生物発光で発見するのです。また、毒を検知して発光する細胞を作ることも可能であり、イタリアのグループはサリンの検出可能な細胞を作っております。

## 光の煙幕はウミホタルの得意技

ウミホタルは体内に別々に溜めたルシフェリンとルシフェラーゼを勢いよく吹き出すことで海中に光の煙幕を作ります。この煙幕は相手から身を隠すという意味と他の仲間に敵が現れたことを知らせる役目を担っている可能性があります。多くの生物発光が生体組織の1つである発光器の中で完結するのに対して、体内で作られたルシフェリンやルシフェラーゼを組織内に蓄えた後に細胞外に分泌します。この分泌するという生物発光の特徴が、細胞外で細胞内の出来事を観察手段に用いられています。また、体内に蓄えられても壊れないという発光システムの安定性は、検査薬などでの活用が期待できます。第４章で詳しく説明いたします。

ここで紹介したように、応用例を見ると生物発光本来の機能を踏襲していることが理解できます。第2章以降は個別の生物発光の分子メカニズムを解説すると共に、それらのメカニズムに準拠した応用例があることを紹介いたします。

# Chapter.2
# ホタルの光が変える世界

SECTION 07

# ホタルは発光甲虫の1つ

ホタルは発光生物の代名詞のような生物です。世界中で最も愛されている発光生物と言っても過言ではありません。確かに世界中のすべての人が見たことがあるわけではありませんが、世界中でホタルの映像等を紹介すると誰もの心が和みます。一方、ホタルの光が先端科学の分野で活躍していると説明すると、一様に、この光の活躍に興味を持っていただけます。というわけで、本書において、最初にスポットライトを当てるのはホタルに代表される発光甲虫の世界です。

## 発光甲虫は世界各地に

ホタルといえば、ゲンジボタルやヘイケボタルのような翅をもった昆虫が飛翔しながら発光する姿をイメージされるでしょうが、幼虫は翅がなく、光りながら地面をはっています。また、イリオモテボタルのメスの成虫は幼虫と同じ姿です。一方、ヒカリコメツキは背中とお腹に発光器を持つなどと多種多様な発光甲虫はユニークな生物です。まずは生物学的にホタルたちに関する知識を整理しましょう。

ホタルの仲間はホタル科、ホタルモドキ科、イリオモテボタル科、コメツキ科に分類され、ホタル科だけでも2000種を超えると言われています。しかし、ブラジルのアマゾンやアフリカなどすべての場所が調査されているわけではないので正確な数はわかっていません。ホタル科が最も世界各地に生息する一方、コメツキ科は世界で1万種、日本には700種いるにもかかわらず、発光する種は中南米とフィジー島に限られています。同様にホタルモドキ科やイリオモテボタル科の発光甲虫も生息地域は限られています(図2-1)。どうし

●図2-1

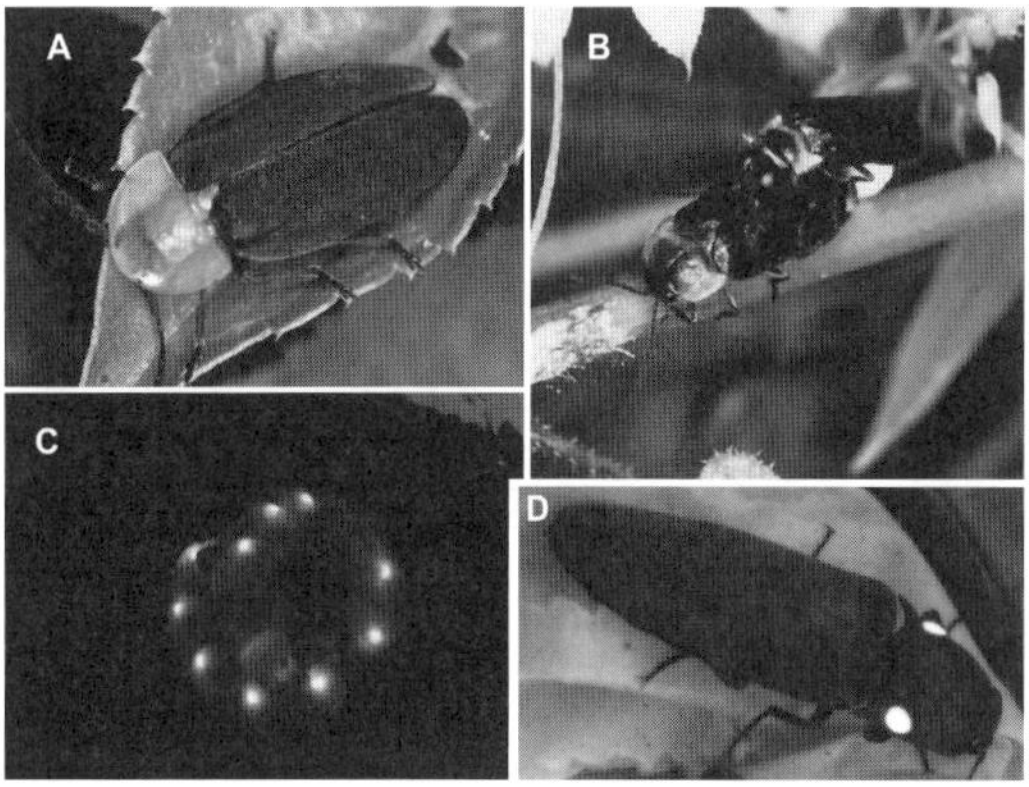


多彩な発光甲虫。(A)ミヤコマドボタル(日本など、近縁種は東アジア、東南アジアに生息)。(B)ヒメホタル(日本など、近縁種はユーラシア大陸全般に生息)。(C)鉄道虫(ブラジルなど南米に生息)。(D)ヒカリコメツキ(ブラジルなど中南米に生息)。

て、このように限定されるのか、進化・生物拡散を含めて十分に解明されていません。

## 日本の発光甲虫は?

発光甲虫は日本列島には約50種のホタル科と1種類のイリオモテボタル科イリオモテボタルが生息しています。面白いことにホタルは幼虫期を水中で過ごすゲンジボタル、ヘイケボタル、クメジマボタル3種の水生種と、幼虫期から陸で過ごすヒメボタル、アキマドボタルなどの陸生種に大別されます。

水生種は台湾、中国、インドネシアなどの東アジアと東南アジアでのみ生息します。また、陸生種のヒメボタルはユーラシア全体に生息するホタルの近縁種です。ユーラシア大陸の西の果てヨーロッパには陸生種が3種類いるのみです。日本列島には、ほぼすべての地域にホタルがいますので、通年どこかで発光が観察できます。例えば日本固有種のゲンジボタルは5月の西日本から、長崎県対馬のアキマドボタルなら9月に、イリオモテボタルなら12月から光り出します。

## 発光はコミュニケーションあるいは威嚇？

ホタルの発光色や発光パターンは種によって異なります。これは自分と同じ種を見つけ出す手段であり、コミュニケーションツールとして自らの種を守る生存戦略の1つになっているからです。例えば、ゲンジボタルはゆっくりと明滅しますが、ヒメボタルは素早く点滅、イリオモテボタルは持続的に発光します。発光色もゲンジボタルやイリオモテボタルは黄緑色に対して、ヒメボタルは黄色です。特にイリオモテボタルのメスは、冬季に石垣のすき間でお尻の発光器を目立つように見せながら発光しオスに合図を送っています。多種多様な発光シグナルは種を守るための重要なツールです。

一方、ホタルは卵、幼虫、さなぎでも発光します。発光は点滅することなく、光の強弱に違いはありますが、持続的に発光します。威嚇や警告シグナルとして発光しているのかもしれません。特に、イリオモテボタルのメスの成虫は抱卵すると体節毎の発光器を発光させて警告シグナルを発信し続けます。さらに頭が赤色に、体節は黄色に発光するブラジル産の鉄道虫は幼虫の姿のまま成虫となりますが、森の中を歩く姿は、まさに相手を威嚇しているようです。

SECTION 08

# ホタルの発光の分子メカニズム

ホタルの生物発光を利用した応用展開が最も進んでいますが、これは最も基礎研究が進み、多くの知見の上で展開されているからです。しかし、ホタルの発光の分子メカニズムは100％解明しているとは言えません。まずは、これまでの歴史的な経緯と最新の知見を整理してみましょう。

## ホタルの生物発光研究の事始め

すべての発光生物のルシフェリンは同定されていませんが、世界で初めて分子構造が明らかになったのはホタルのルシフェリンです。1940年代、アメリカ・ジョンズホプキンズ大学のマッケロイ博士は毎年ホタル100匹を25セントで買い取りながら、100万匹近くのホタルを集め研究を進めました。その結果、1961年にホタルシフェリンの構造が決定されました。また、マッケロイ博士のグループはホタルの発光にＡＴＰ（アデノシン-3-リン酸）が必須なことも明らかにしました。

一方、ホタルルシフェラーゼの一次構造は、1985年にカリフォルニア大学のデルウカ博士の研究グループが北米産のホタルルシフェラーゼのクローニング（遺伝子配列の同定）に世界で初めて成功し、続いて、ホタルルシフェラーゼ遺伝子を大腸菌や哺乳類細胞に導入、発現させ、発光活性を持つルシフェラーゼを遺伝子工学的につくれることを明らかにしました。

## ホタルルシフェラーゼは？

1980年代にアメリカ産ホタルルシフェラーゼのクローニングが成功した後、日本産ゲンジボタル、ヒメボタル、さらにはジャマイカ産ヒカリコメツキ、ブラジル産鉄道虫など、次々と発光甲虫ルシフェラーゼの構造が明らかになりました。一次構造の特徴はアミノ酸残基545〜550個で構成される分子量約6万のタンパク質です。世界で初めて構造が明らかになった北米産ホタルルシフェラーゼの構造を基準に、アミノ酸配列の一次構造上の相同性（どれくらい同じアミノ酸が並んでいるのかの指標）を比べると、ホタル科内のもので60～90%、ホタルモドキ科、イリオモテボタル科ルシフェラーゼで50～60%、ヒカリコメツキ科ルシフェラーゼで50%程度となっています。明らかになった三次元構造によると、大ドメイン（1～436番残基）に重なるようにC末端側の小ドメイン（440～550番残基）が形作られ、その間を可変ループ（アミノ酸残基14個）がつないでいます（図2-2）。この立体構造の解明を元に、後述するスプリットアッセイなどが構築されました。

●図2-2

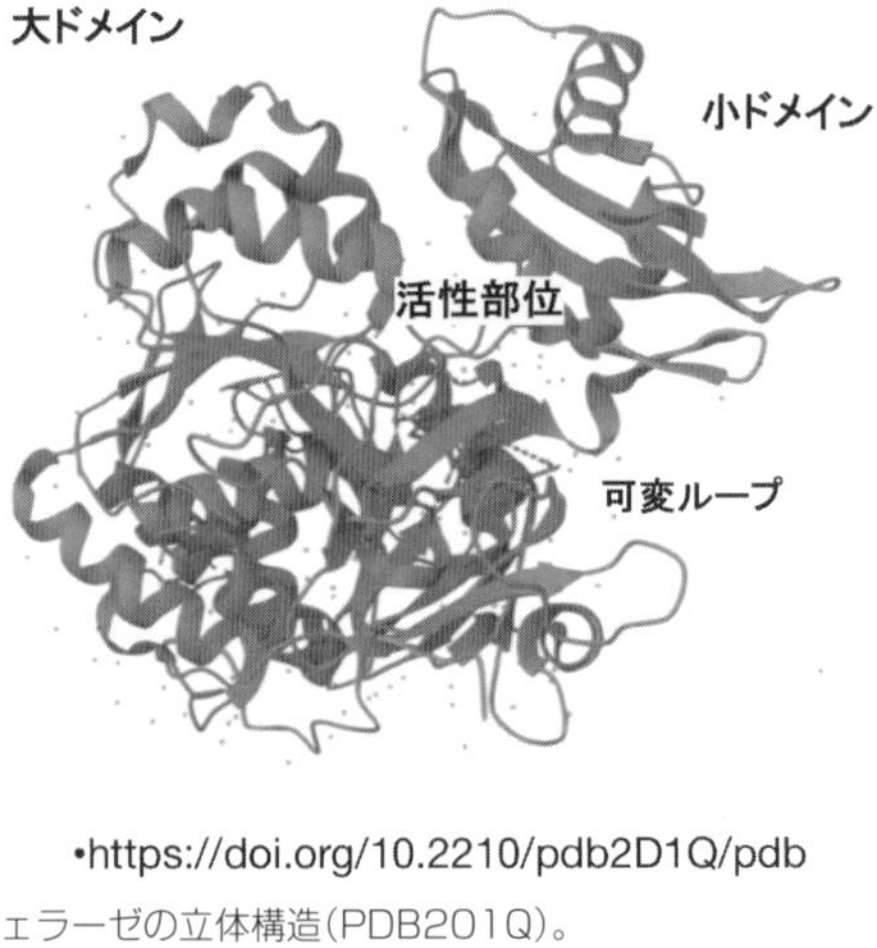


•https://doi.org/10.2210/pdb2D1Q/pdb

ホタルルシフェラーゼの立体構造（PDB2O1Q）。

## ルシフェラーゼ遺伝子が教えてくれたこと

ルシフェラーゼ遺伝子の構造がわかったことで、タンパク質としての分子進化（タンパク質の構造が時間の経過と共に変化し、現在の構造に進化したことを指す）や、発光甲虫たちの進化の過程が明らかになりました。その結果、ホタルルシフェラーゼはアシルCoA合成酵素などを含むアシルアデニレート合成酵素の仲間に属します。発光甲虫ルシフェラーゼ及び、その構造的に類縁する酵素群の遺伝子配列を元に系統樹（タンパク質の家系図）を示しますが（図2-3）、ホタルルシフェリンを基質とするルシフェラーゼ群、アセチル

●図2-3

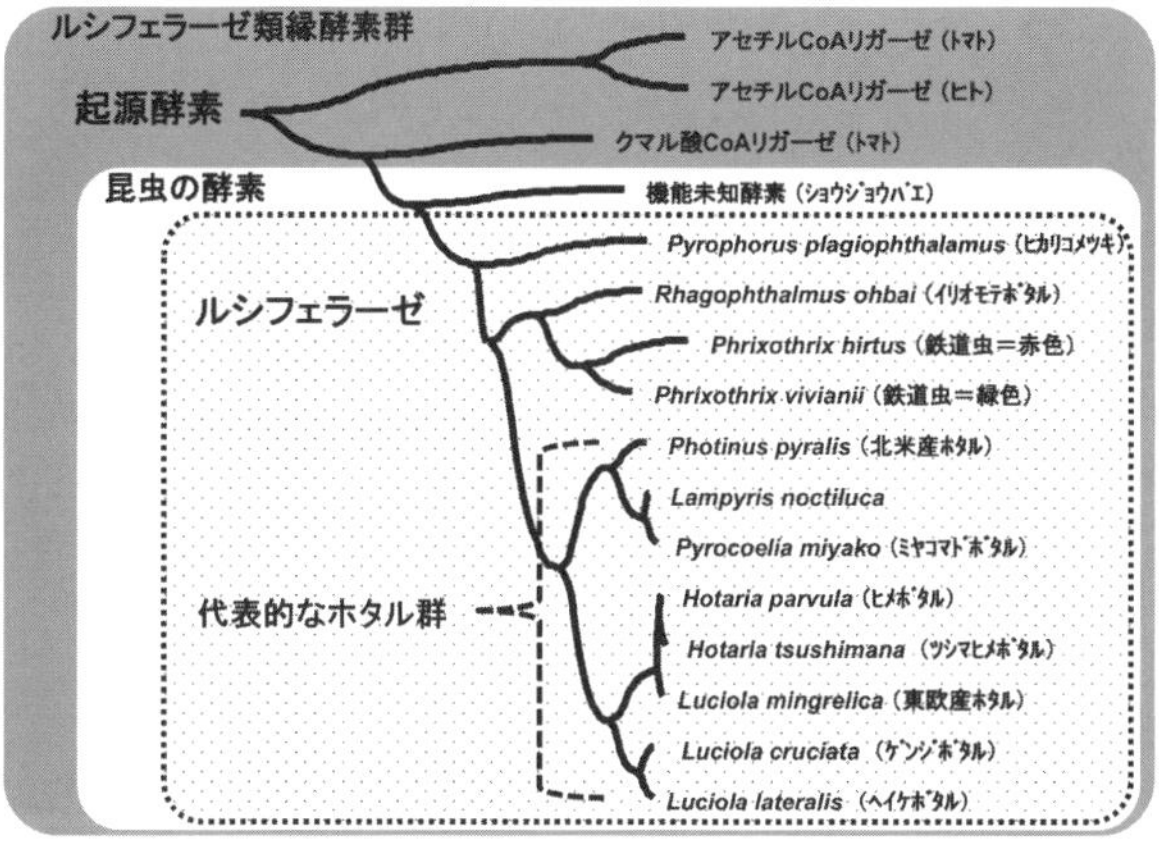


ホタルルシフェラーゼ関連酵素の分子系統樹。ルシフェラーゼ群、アセチルCoAリガーゼ群、植物系クマル酸CoAリガーゼ群の3つの集団を形成、ルシフェラーゼ内ではヒカリコメツキ科、鉄道虫、イリオモテボタル、ホタル科への進化を示す。

CoAリガーゼ群、そして植物系クマル酸CoAリガーゼ群の3つの集団群に大別されます。その中でも、アセチルCoAリガーゼのみ、原核生物から真核生物までの生物種の中で広く存在しますので祖先型のタンパク質であることが示唆されます。

ルシフェラーゼの相同性に着目すると、ヒカリコメツキが、次に鉄道虫を代表とするホタルモドキやイリオモテボタルが、最後にホタル科へと進化したようです。酵素の性質も違ってきており、pHや温度などが変化しても発光色を変えない、ヒカリコメツキ、ホタルモドキ、イリオモテボタルのものが初期タイプに、発光色が周りの影響で変化するホタル科のものが、後発的に進化したように見えます。しかしながら、発光甲虫の進化と発光特性、地域性の関係など、まだ不明な点も多く今後の研究の進展が期待されます。

## ホタルの発光反応は2段階で進行、ATPが必須

ホタルの生物発光では、1段階目にホタルルシフェリン(立体異性体としてD体が反応し、L体が反応を阻害)は$Mg^{2+}$の存在下、ATPと反応してアデニル化され、ル

シフェリル-AMPが生成します。次に酸素と反応してペルオキシドアニオンが生成、酵素内で不安定なジオキセタンに変換され、このジオキセタン構造は酵素内で開裂し、$CO_2$と励起一重項状態のオキシルシフェリンを生成します。このとき、効率よくオキシルシフェリンの励起状態のモノアニオンが生成し、場合によって脱プロトン化して励起状態のジアニオンとなり、それぞれが基底状態に移るとき、光を発します(図2-4)。

つまり、ホタルの発光は2段階の化学反応で光を発し、ルシフェラーゼは2つの化学反応を触媒します。しかし反応は2段階ですが、2段階目の酸化反応が容易に進行

●図2-4

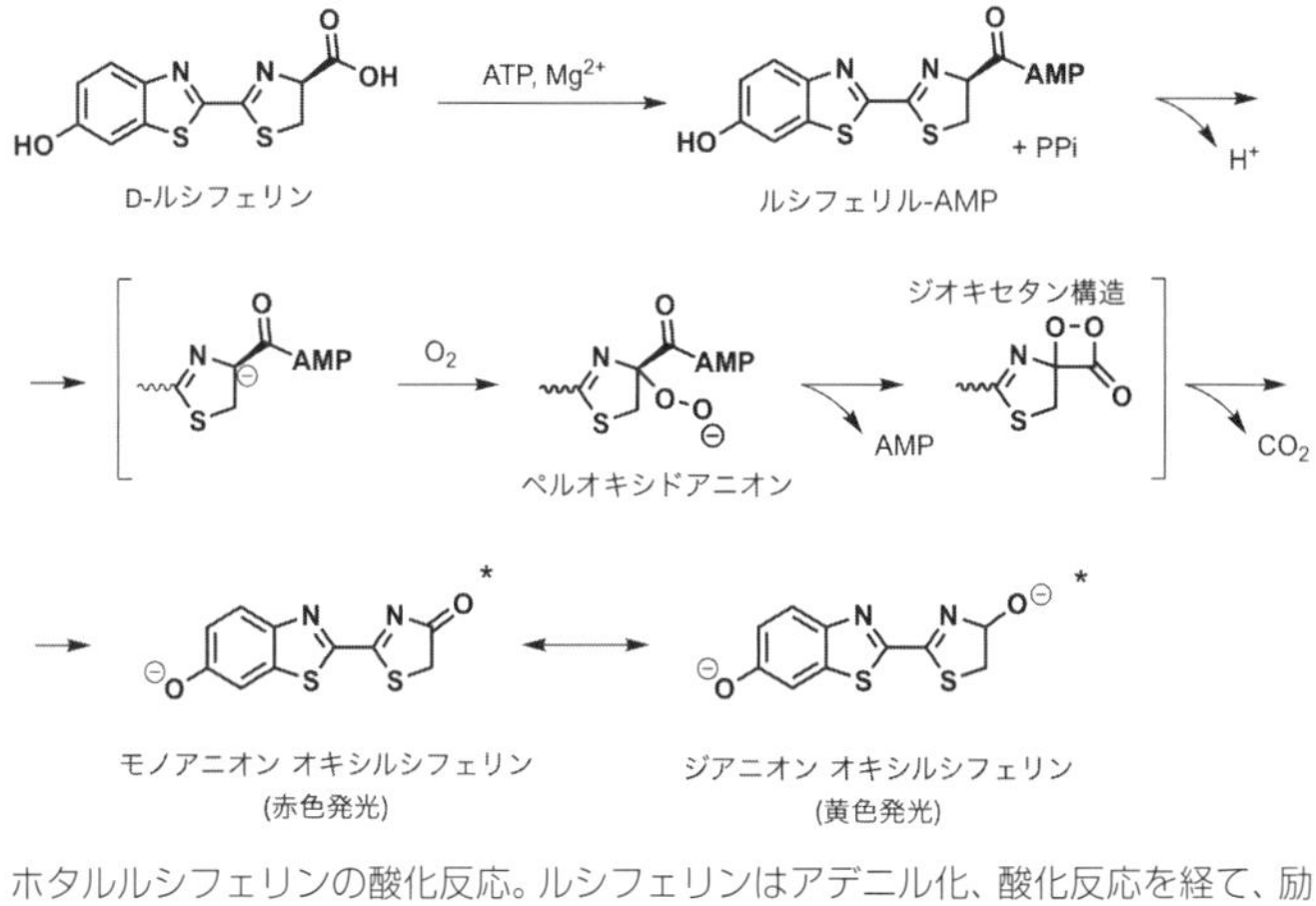


ホタルルシフェリンの酸化反応。ルシフェリンはアデニル化、酸化反応を経て、励起状態のオキシルシフェリンとなり。基底状態に移るときに光を発する。

するのに比べて、1段階目のATPとの反応は反応条件が厳密であり、生物発光反応の律速段階(反応速度を決める重要な因子)となっています。よって、多くの生物発光反応が酸化反応だけであるものに比べて、副次的な反応による発光が起きないため極めて低い時にはノイズともいうバックグラウンドになります。多くの発光生物の発光反応は1段階の酸化反応のみとなるため、ルシフェリンの非酵素的な酸化反応による微弱発光がバックグラウンドとなります。このバックグラウンドの低い点がホタルの生物発光が応用展開に向いている点の1つです。さらに、ATP量と発光量が相関することも応用を考える上で、とても重要なポイントとなります。

## ホタルルシフェリンは天然界では珍しいD体

ホタルルシフェリンの立体異性(同じ組成だが、立体構造が鏡像対称となるもの)がD体であることは、多くの研究者を悩ましている点です。なぜならば、ホタルルシフェリンはシステイン残基から生合成されると考えられていますが、天然に存在するアミノ酸の多くはL体であり、D体は特殊な場合しか存在しない点です。面白いことに卵、幼虫、さなぎ、成虫とルシフェリンが存在し、その立体異性の割合を調べてみると、幼虫期にはL体が多く存在しますが、成虫となると光を生み出す活性型のD体が多くなっています（図2-5）。

これまでの研究によると、天然のL体のシステイン残基と8キノンが反応して2シアノ-8ハイドロキシベンゾチアゾールになり、続いてL-システインと反応してL体のホタルルシフェリンが生成します。立体異性のL体は反応を阻害

●図2-5

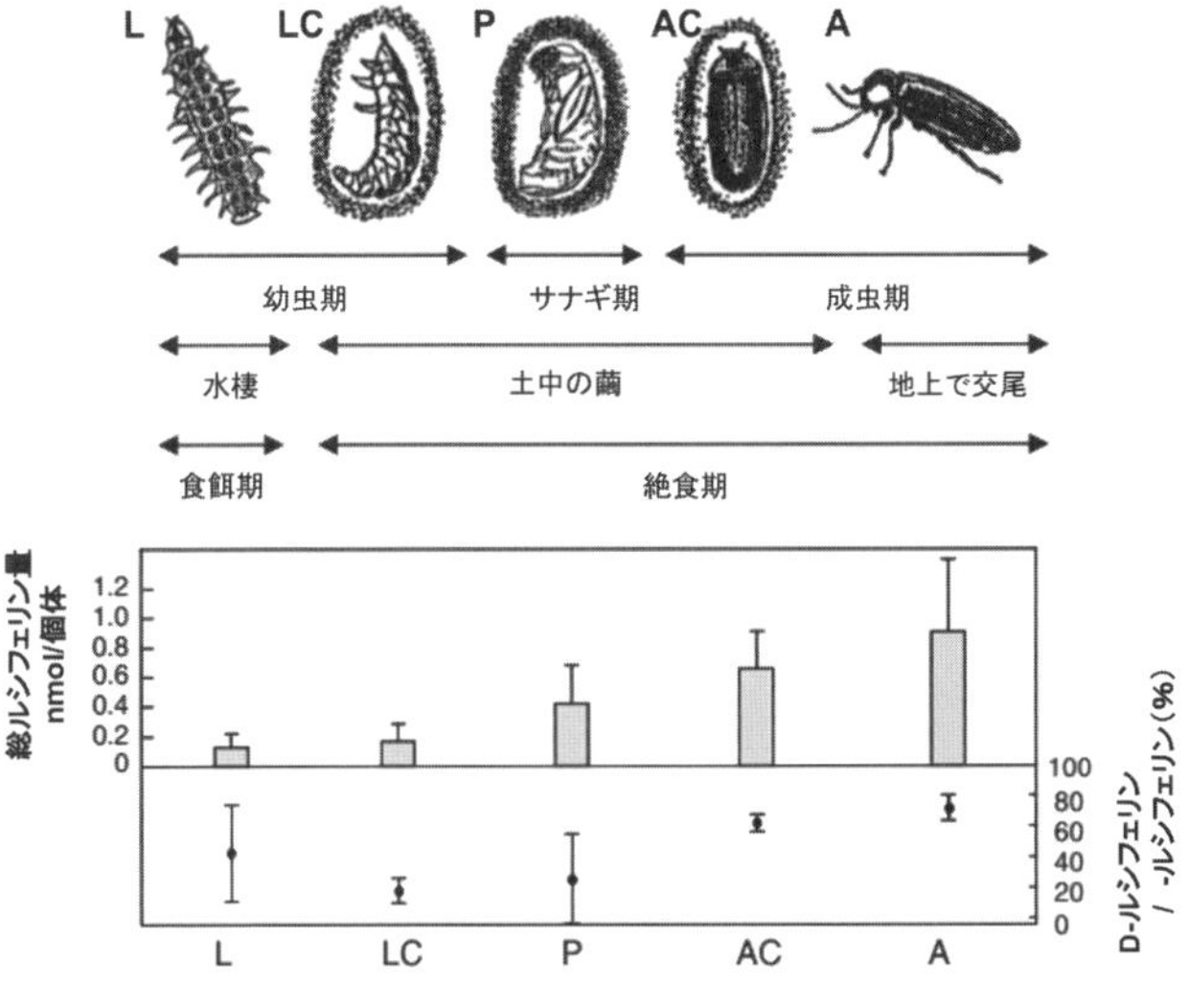


Niwa K *et al.*: *FEBS Lett* 580, 5283-7, 2006の図を一部改変
ホタル幼虫から成虫におけるD、Lルシフェリン含量及び比率の変化。成虫になるにしたがって、D体のルシフェリンが増加する。

しますが、さらにラセマーゼという異性化酵素によって活性型のD体に変化すると予想されています。これまでに、L体のルシフェリンが生合成され、アデニル化反応において、DL体のルシフェリンが生成し、反応を繰り返す段階でL体がD体に変わることを試験管内で確認できました(図2-6)。

しかしながら、この生合成経路が本当にホタルの体内で起きているかは十分にはわかっていませんが、この過

●図2-6

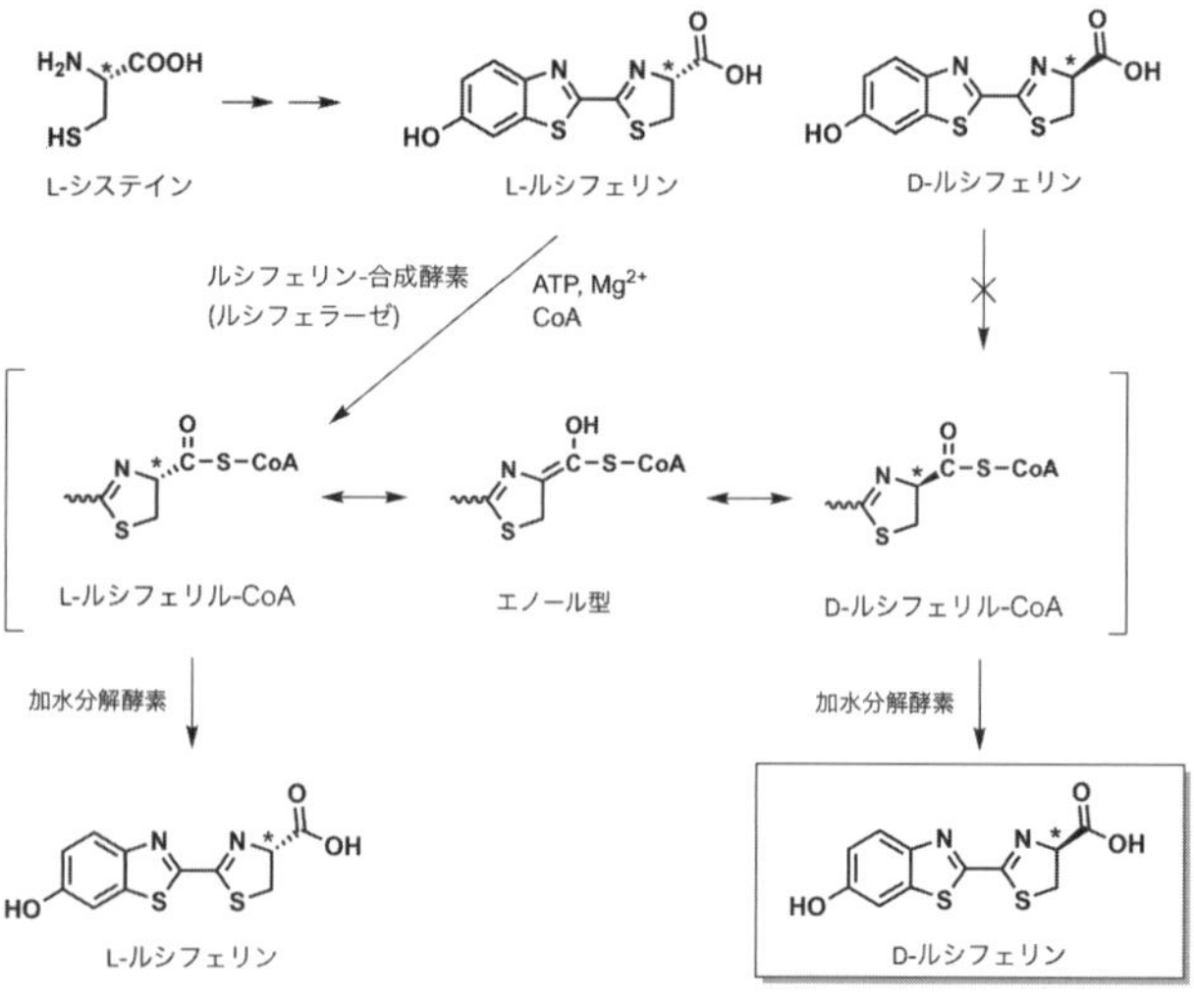


Niwa K *et al.*: *FEBS Lett* 580, 5283-7, 2006の図を一部改変
ホタルDルシフェリンの予想生合成経路。L-システインを出発物質として、L-ルシフェリンを経て、D-ルシフェリンが生合成されると予想される。

程を利用したホタルの生物発光の応用例も後で説明いたします。いずれにしても、なぜD体がルシフェリンなのかは不明なままです。

## ホタルの発光色は？

酵素反応は温度やpHに影響されます。もっとも顕著な影響を受けるのがホタルの発光色ですが、周りの影響を受けて発光色を変えるルシフェラーゼと影響を受けにくいルシフェラーゼに大別されます。ホタル科のルシフェラーゼでは25℃付近では黄緑色の光ですが、30℃を越えると黄緑色から橙色、赤色に変化します。同様に反応溶液をpH8のアルカリから徐々に酸性に変化させると黄緑色から赤色に変化します(図2-7)。さらに反応液に$Hg^{2+}$などの重金属を加えた場合にも赤

●図2-7

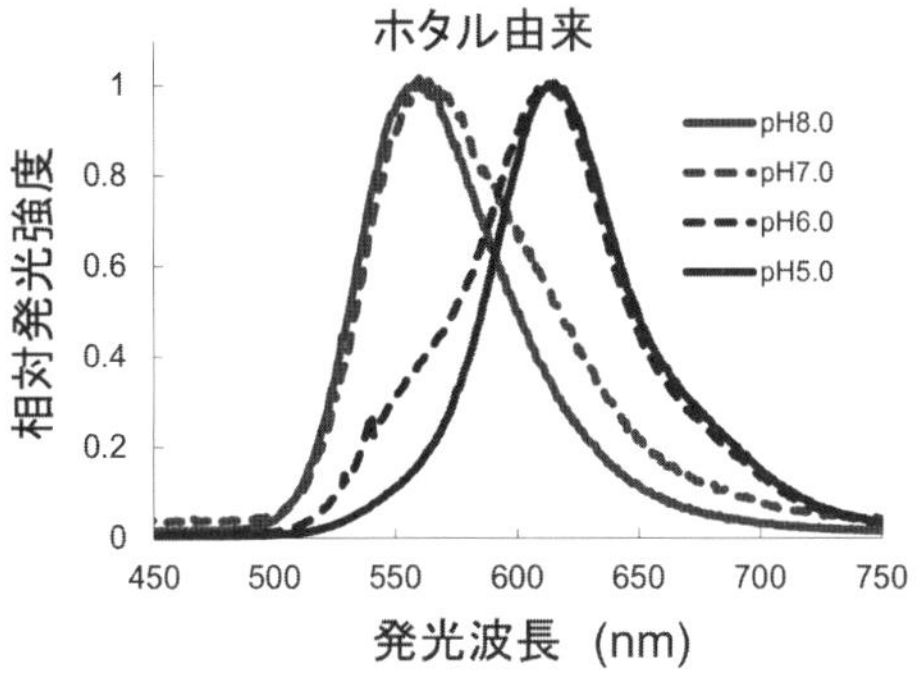


ホタルルシフェリン・ルシフェラーゼ反応による発光スペクトルのpH依存性。pHが酸性になると共に発光スペクトルの最大発光波長が赤色にシフトする。

色に変化します。これは、温度、ｐＨ、重金属によりルシフェラーゼの活性部位の構造が変化することで、励起状態のオキシルシフェリンがモノアニオンになることで赤色、ジアニオンになることで黄緑色になるためと考えられています。この特性を利用することで細胞内のｐＨの変化をモニターすることができます。

一方、ホタルモドキ科やヒカリコメツキ科由来のルシフェラーゼでは温度やｐＨによって発光色は変化しません。つまり、頭部が赤色で腹側部が緑色の鉄道虫のルシフェラーゼは、同じルシフェリンでも発する光の色は頭部由来のルシフェラーゼなら赤色、腹側部由来のルシフェラーゼなら黄緑色になります（図2-8）。つまり、これらのルシフェラーゼ群を用いるなら反応条件が違っても発光色は変化しません。これは酵素の活性部位が構造的に安定で周りの影響を受けにくく、安定した励起状態を作ることで発光色が変化しないためと

●図2-8

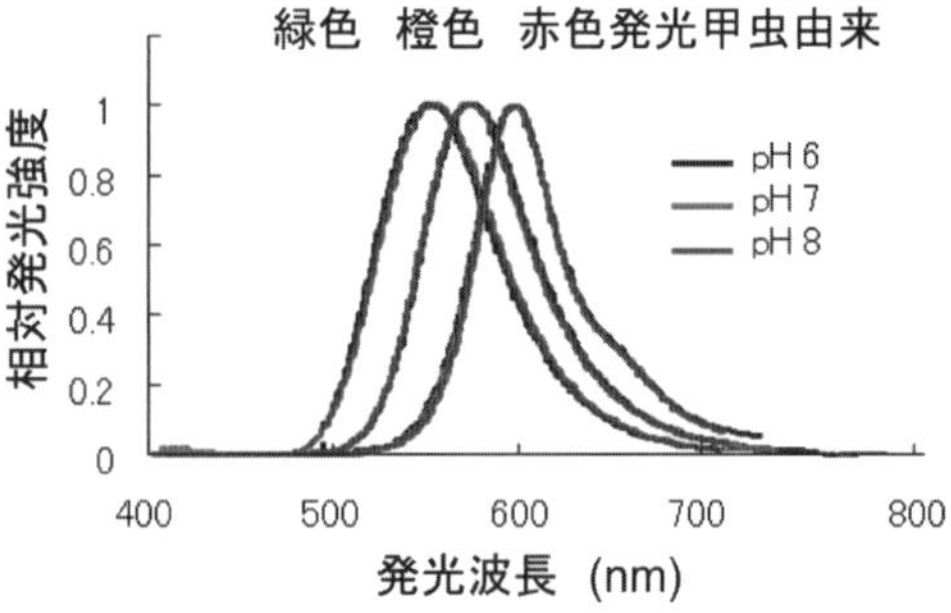


鉄道虫、ヒカリコメツキ等のルシフェリン・ルシフェラーゼ反応による発光スペクトルのpH非依存性。pHに依存せず、赤色は赤色発光のままである。

考えられています。この異なる発光波長スペクトルのルシフェラーゼを組み合わせることでマルチレポータアッセイが構築できます。

とはいえ、オキシルシフェリンの励起状態の解析は十分ではなく、発光色決定機構は十分に解明されていません。今は立体構造解析科学や理論化学の研究者が論争を繰り広げているのが現状です。論争の中で、活性部位の中でオキシルシフェリンと水分子の相互作用が重要と指摘されています。

## 発光の特徴は人工的に変えられる

発光甲虫ルシフェラーゼ群の面白さは、ルシフェラーゼ中のアミノ酸を変えることで発光色、発光の強さやルシフェラーゼの耐熱性が変化させることができることです。例えば、ミヤコマドボタルルシフェラーゼの中の1個のアミノ酸残基を変えることで、最大発光波長554nmのものが、606nmの赤色に、あるいはイリオモテボタルルシフェラーゼは554nmのものが580nmの橙色の発光に変えることができます。また、耐熱性もアミノ酸残基を1つ変えることで、半減期（酵素活性が半分になる時間）が数倍伸びることがあります。ヒメボタルルシフェラーゼの例ですが、217番目のアラニンをロイシンに変えただけで半減期が3倍になっています（図2-9）。多くの場合、直接活性部位の周辺のアミノ酸残基というより、その周りのアミノ酸残基となります。この人工的な改変によって得られたルシフェラーゼ群も応用研究の幅を広げるには重要な点です。

●図2-9

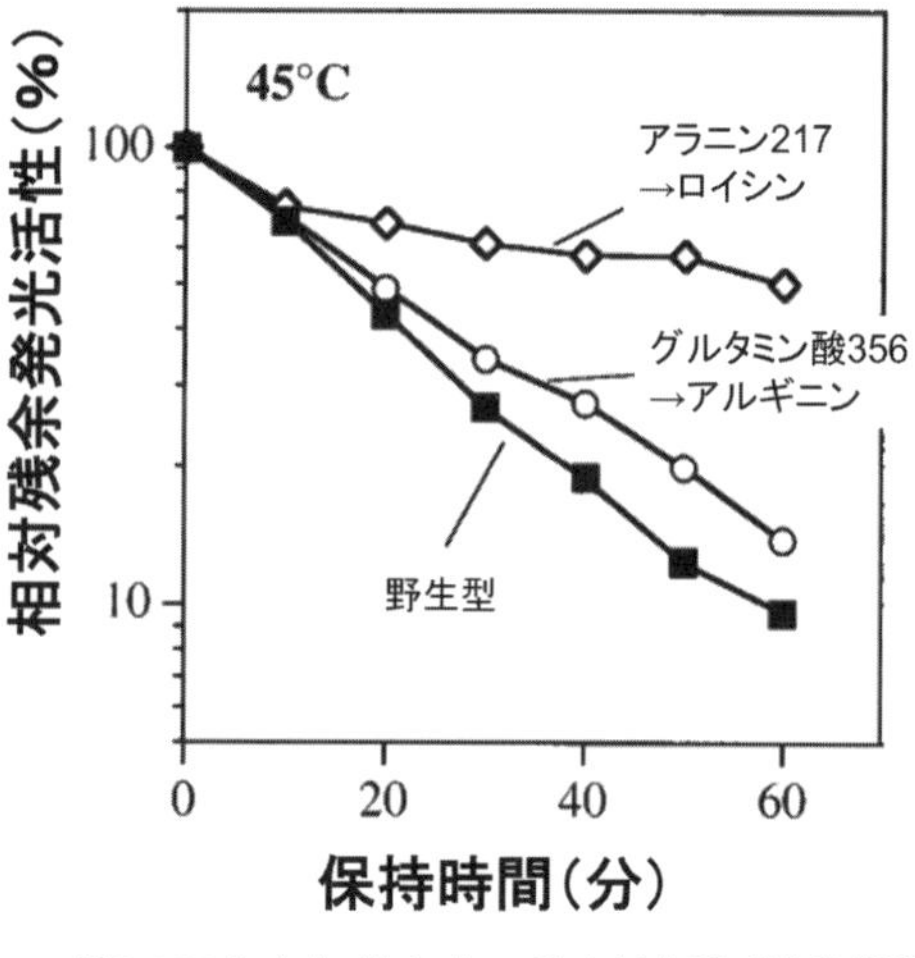


Kitayama A *et al.*: *Photochem Photobiol.* 77, 333-8, 2003
の図を一部改変

ヒメホタルルシフェラーゼ及びその部位特異的な変異体における耐熱性の変化。アミノ酸1個を変えるだけで耐熱性が向上する。

## 発光甲虫ルシフェラーゼ群をまとめると

ルシフェリン・ルシフェラーゼ反応の量子収率は高く、効率よく光を発します。代表的なホタルの発光量子収率と発光色の関係をまとめてみました（表1）。アメリカ産ホタルルシフェラーゼで0・41、日本産マドボタルでは0・45、鉄道虫赤色で0・15、ブラジル産ヒカリコメツキが0・61と発光色が緑色になるほど高く、赤色になるほど低くなる傾向にあります。ただし、前述したように光の強さ、発光強度は量子収率だけでは決まりません。応用展開を考える上ではルシフェラーゼ自体の細胞内での安定性の制御や細胞との相性なども重要なファクターとなります。

●ホタルの発光量子収率と発光色の関係（表1）

| ルシフェラーゼ名 | 最大発光波長（nm） | 量子収率 |
|---|---|---|
| アメリカ産ホタル　Photinus pyralis | 562 | 0.41 |
| ミヤコマドボタル　Pyrocolia miyako | 554 | 0.45 |
| ミヤコマドボタル　Pyrocolia miyako 変異体N230S | 606 | 0.21 |
| ミヤコマドボタル　Pyrocolia miyako 変異体N199T | 559 | 0.48 |
| ヒカリコメツキ　Pyrearinus termitilluminans | 539 | 0.61 |
| 鉄道虫頭部　Phrixothrix　hirtus | 625 | 0.15 |

SECTION 09

# ホタルルシフェラーゼ遺伝子

当たり前の話ですが、生物発光で発信されるのは光シグナルです。ホタルの生物発光ではマグネシウムイオンは必須ですが、ルシフェリン、ルシフェラーゼ、ＡＴＰ、酸素の４つの因子が光シグナルの強さ(発光強度)を、ルシフェリンやルシフェラーゼの構造の違いが発光色を決定します。応用展開を考える場合、発光量と4因子の関係の中で知りたい情報とリンクさせることで光シグナルが情報伝達の手段となります。はじめに最も活用例の広いルシフェラーゼ遺伝子を活用した実例を紹介します。

## レポータアッセイとは?

細胞は外部から刺激が加えられると、その刺激に対して特定のタンパク質の遺伝子群が発現、応答し、体内の恒常性を保ちます。よって、細胞外からインプットされた刺激は直接的に、あるいは間接的に細胞核内の遺伝子群の特定のプロモータ領域（タンパク質の合成を指令するＤＮＡ配列）を制御し、特定の遺伝子が転写、翻訳されタンパク質が合成されます。発現したタンパク質が細胞内の機能を制御することで、生体組織の恒常性が保たれます。このような遺伝子発現のオン・オフを定量化、可視化する方法の1つとしてレポータアッセイがあります。

当初、レポータアッセイでは、例えばβガラクトシダーゼ遺伝子のような酵素が発現すれば、この酵素機能として基質を分解し発色させる化学反応を触媒することから、色の変化で遺伝子の発現有無を確認しました（酵素色素法）。しかし、色素法では定量性、簡便性に限界があり、光で遺伝子発現を確認、定量化できるルシフェラーゼ遺伝子に徐々に移行した歴史があります。

具体的にはホタルルシフェラーゼ遺伝子が組み込まれたプラスミド（環状ＤＮＡ）に検出対象となる遺伝子のプロモータ領域を挿入したベクター（運び屋）を作製します。次に対象となるモデル細胞に遺伝子導入します。通常、外部刺激により細胞核内の対象遺伝子のプロモータ領域が活性化すれば、その遺伝子が転写・翻訳されタンパク質が合成されます。同時に、導入されたプラスミド内のプロモータにも外部刺激によって指令された転写因子が結合し、ルシフェラーゼ遺伝子が転写、ルシフェラーゼが合成されます。一定時間経過後、細胞破砕した液にルシフェリンを加えれば細胞内で発現したルシフェラーゼ量を発光量として測定でき、対象となる遺伝子の転写活性の変化を評価できます。発光量を測定する装置をルミノメータといいます。（図2-10）

●図2-10

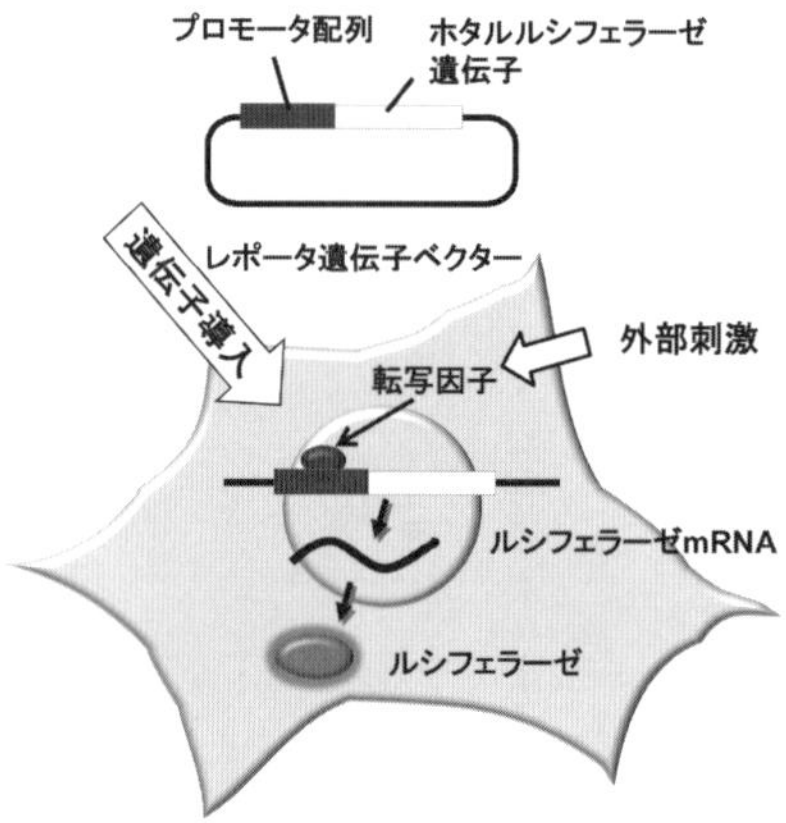


レポータアッセイの原理。ルシフェラーゼ遺伝子を挿入したレポータベクター（プラスミド）を細胞内に導入。プロモータがONされるとルシフェラーゼが作られる。

## 多色発光マルチレポータアッセイとは？

前述しましたが、ホタルモドキ科やヒカリコメツキ科由来のルシフェラーゼの特徴の1つが、同じルシフェリンでありながら、ルシフェラーゼの違いで発光色が異なることです。私たちは鉄道虫やイリオモテボタル由来の緑色、橙色、赤色の3色のルシフェラーゼに3つの異なるプロモータ領域をそれぞれ加えたベクターを作成しました。これらを細胞内に導入すれば、同時に3つの遺伝子発現の変化を評価できるマルチ多色レポータアッセイとなります(図2-11A)。

図2-11Bは体内時計遺伝子Bmal1の一部とその転写ドメインの1つRORE遺伝子、そしてコントロール遺伝子(SV40)をそれぞれ橙色、赤色、緑色のルシフェラーゼに導入したレポータアッセイの例です。制御因子であるmRORα4を加えることでそれぞれの遺伝子発現が増強することがわかります。このように、このシステムの利

●図2-11

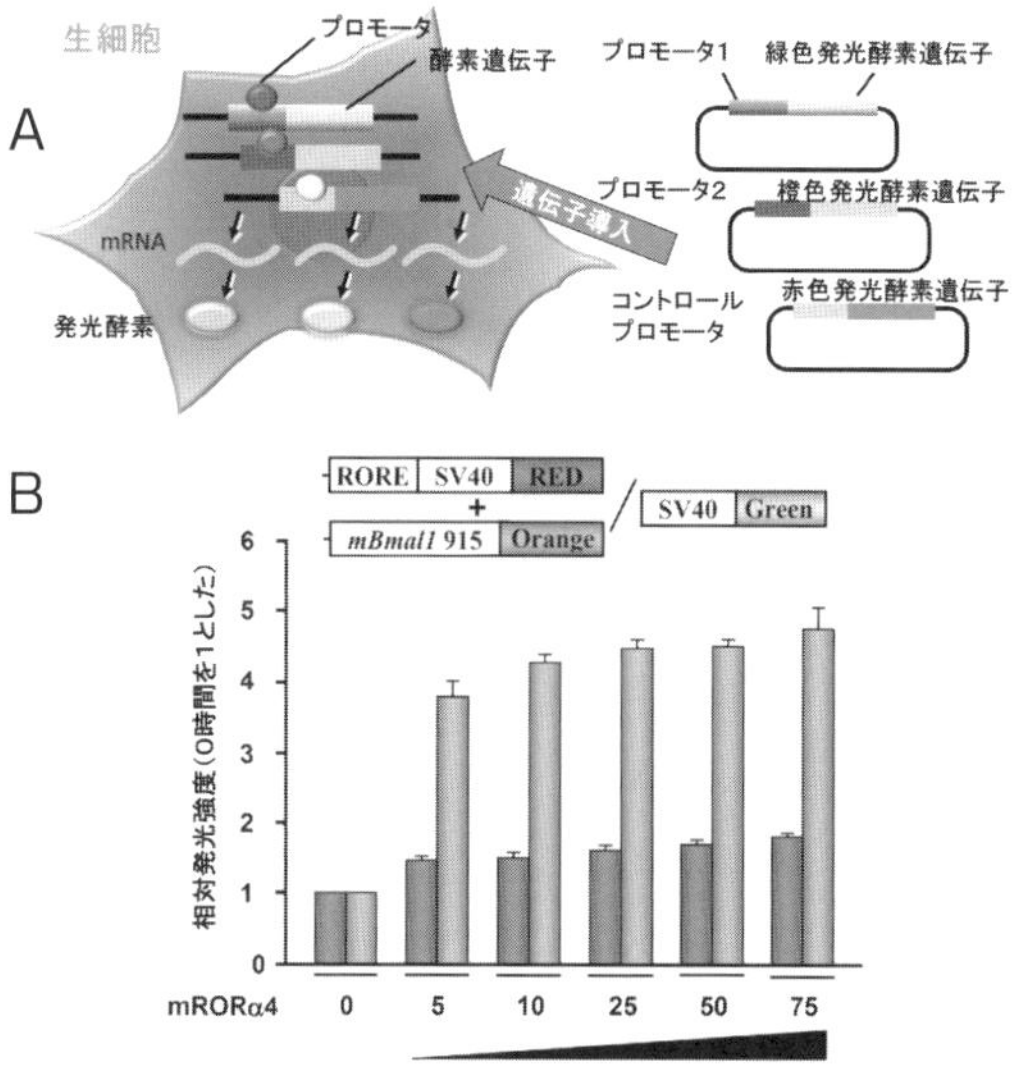


Nakajima Y *et al.*: *Biotechniques* 38, 891-4, 2005の図を一部改変

マルチレポータアッセイの原理。(A)発光色の異なる甲虫ルシフェラーゼに3つの対象プロモータを挿入したレポータベクターを細胞に導入することで、3つの遺伝子発現を評価する。(B)は実施例。

点は基質ルシフェリンが1つで済むことです。また、お互いに発光色以外は同じ半減期、バックグラウンドであることで3つの遺伝子発現を同時に評価できる点です。

では、なぜ複数の遺伝子発現を評価することが重要なのでしょうか？　大きくは2つの理由があります。1つ目は、細胞外からインプットされた刺激は細胞核内で同時にいくつもの遺伝子群を、あるいは1つの遺伝子の動きが次の遺伝子の発現に影響を及ぼしますので、同時に複数の遺伝子の発現を評価することが重要です。2つ目に、外的刺激で特定の遺伝子の発現が変化したとしても、細胞自体が弱ったためなのか否か、コントロールとなる尺度、定常的に発現している遺伝子（例えば、アクチン遺伝子は細胞の骨格形成に重要なので、細胞が成長維持段階であれば、ある程度、一定に発現しますので、細胞の状態を反映）との比較が必要だからです。多色発光レポータアッセイができるまでは、2つの異なる基質に対するルシフェラーゼ遺伝子を使っていましたが、2つのルシフェラーゼ自体の半減期やバックグラウンドの違いが大きな問題でした。発光甲虫ルシフェラーゼを利用したマルチ多色レポータアッセイは画期的なものでした。

異なる色の光の発光強度は、例えば、フィルターを用いることで、別々に計測できます。これによって、相反する免疫応答や異なる発現パターンを持つ体内時計の遺伝子の同時モニタリングも可能になりました。

## 化粧品の安全性を評価するレポータアッセイ

レポータアッセイ法が、現在、注目されている理由の1つが動物実験の代替法としての重要性です。多くの国では動物実験が禁止または削減が求められています。これは動物実験の3R（Replacement：実験動物の置き換え（代替）、Reduction：実験動物の削減、Refinement：実験動物の痛みの軽減）ともいわれるものです。しかしながら、私たちは化学物質等の正確なリスクを知る必要があります。そこで、より正確にリスクを知ることができる実験動物代替法としての細胞の活用が注目されたのです。特に、その中でも簡便に対象の遺伝子発現の情報を知るレポータアッセイが重要になります。

化粧品を始めとする化学物質の管理方法を定めた試験では、動物愛護の観点からも、特に動物実験は世界的に批判されてきました。OECD（経済協力開発機構）は世界的な貿易促進を推進するうえで、化学物質の管理に関するガイドラインを厳正な審査の上で公表しており、その試験法を使って貿易を促進することを推奨しています。すでにルシフェラーゼ遺伝子を導入したレポータ細胞を利用した例もありますが、次に多色発光マルチレポータアッセイを利用した試験法を紹介いたします。

## マルチレポータアッセイを利用したOECDガイドライン

化学物質のアレルギー反応を起こしうるかの皮膚感さ性について、1つの試験法としてマルチレポータアッセイを利用したOECD TG442E（IL-8 Lucアッセイ）がテストガイドライン化されています。この試験法では、細胞の生理条件の変化に対応して発現し、しかもそれ自体が生理活性を持つ低分子タンパク質のサイトカインの1種IL-8（インターロイキン8）遺伝子の発現を指標に、コントロールとして細胞内で比較的安定に発現するG3PDH遺伝子（グリセルアルデヒド-3-リン酸デヒドロゲナーゼ、ATP生産する解糖系の酵素で定常的に発現）の遺伝子発現量を評価するTHP-1細胞をもとにしたレポータ細胞です。また、化学物質の免疫系に与える影響（亢進または抑制）を調べる免疫毒性について、OECD TG444A（IL-2 Lucアッセイ）も同様にテストガイドラインされています。

実際の測定では、化学物質で細胞を一定時間刺激後、細胞を破砕し、測定を行います。測定結果を決められた方法で解析して、その毒性の有無を判断します。ガイドライン化に至るまで、代替法はバリデーション試験（試験法に再現性、正確性があるのかを検証）を複数回にわたり実施、その間にプロトコールは最適化され、判定の正確度、精度等が委員会で議論、最終的に承認されたものです。多色発光細胞や試薬、装置等も市販されており、世界中で活用可能です。

## 遺伝子発現をリアルタイムモニタリングする

これまで紹介したレポータアッセイでは細胞を破砕後にルシフェリンを加えて遺伝子発現を評価するものでした。しかし、ホタルのルシフェリンの大きな特徴として、細胞の中に徐々に浸透する一方、残りのルシフェリンは細胞外で安定に存在し酸化されにくい点です。これは2段階反応の1段目のルシフェリンのアデニル化が細胞培養液（培地）中では起きにくいからです。他の多くのルシフェリンは酸化反応のみなので、培養液中の溶存酸素と反応して酸化されるため、培養液には長時間安定に存在することはできません。

　つまり、細胞破砕しなくとも、生きている細胞の培養液中にルシフェリンを加えると一部のルシフェリンは細胞内に入り、細胞内でルシフェラーゼと反応して発光します（図2-12）。これをリアルタイムレポータアッセイといいます。

　生きた細胞の発光を計測する装置を用いることで、リアルタイムに遺伝子発現を可視化することができます。例えば、免疫反応における外部刺激に対する応答や体内時計に関する遺伝子発現の変化をリアルタイムに追跡可能です。

●図2-12

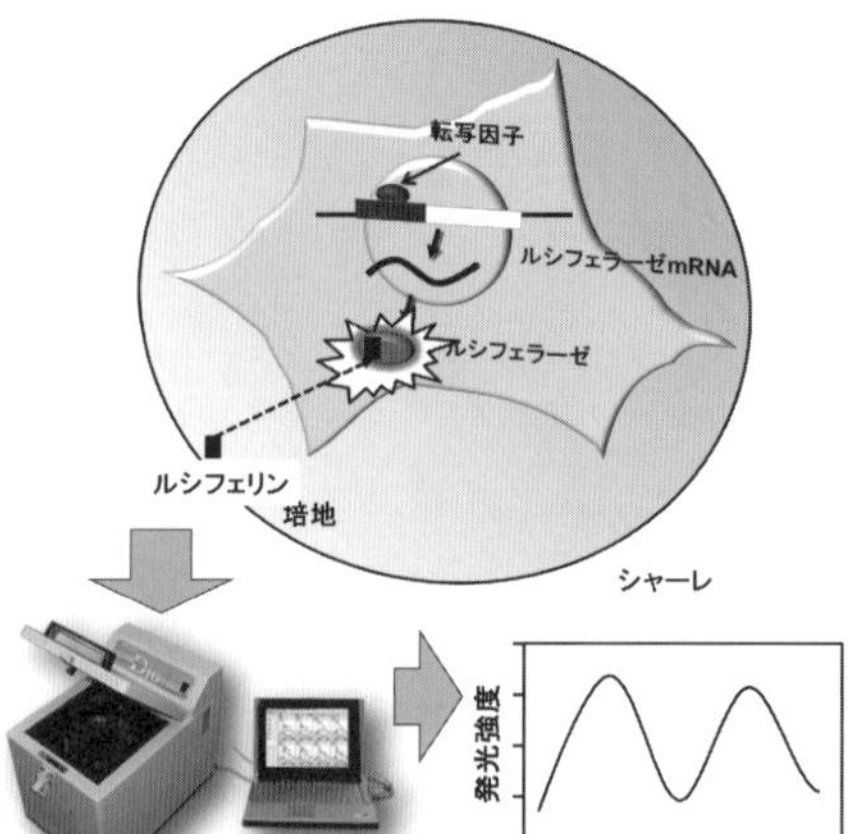


リアルタイムレポータアッセイの原理。プロモータがONされるとルシフェラーゼが作られる発光細胞の培養液にルシフェリンを加えるとルシフェリンは細胞内に入り、発光する。発光量はリアルタイムモニター型ルミノメータ（下図）で測定、プロモータの活性を調べる。

## 体内時計とは？

リアルタイムモニタリングで最も力を発揮するのは体内時計の解析です。私たちは24時間の日周サイクルの中で生きています。24時間サイクルに合わせるように身体の生理現象は同調していますが、それを支えるのが細胞内に存在する体内時計です。体内のすべての生体組織の細胞内には体内時計が存在します。体内の生理現象が見事に同調します。

大まかに体内時計の増減パターンは12時間ずれている2つの群に大別されます。代表的な時計遺伝子のPer（ピリオド）とBmal1（ビーマル）は24時間の日周変動しますが、ほぼ12時間ずれた位相を示します。図2-13Aでは、大まかな時計遺伝子制御の関係を表しています。Bmal1とClock遺伝子翻訳されたタンパク質がプロモータ領域に結合しPer遺伝子の発現を促進しますが、合成されたPerとCryタンパク質がBmal1とClock遺伝子の発現を抑制することで24時間周期のループを形成し、体内時計として体内の生理現象を調整するのです（なお、遺伝子名を表すときには斜字、タンパク質を表すときは成立体で表記します）。

## 体内時計を可視化

本当に12時間の位相の異なる24時間周期に変動する時計遺伝子はすべての生体組織の細胞にもあるのでしょうか？　そして、まったく同じ遺伝子発現の変化をすべての臓器がするのでしょうか？　そこで、Per遺伝子プロモータの下流に赤色ルシフェラーゼを、Bmal遺伝子プロモータの下流に緑色ルシフェラーゼを挿入したベクターを構築し、それぞれをマウス受精卵に注入し赤色発光TGマウス、緑色発光TGマウスを樹立し、次にそれらを交配、掛け合わすことで2色に発光する遺伝子導入マウスを作製します（TG：トランスジェニックとは遺伝子導入あるいは改編を指す）。図2-13Bは2色TG発光マウスから各臓器組織を取り出し、組織ごとに遺伝子発現をリアルタイムに計測した結果です。2つの時計遺伝子は24時間周期を12時間ずれながら繰り返すことが明らかになりました。ただし、臓器によって少しずつ24時間周期が異なっていることも判明しました。

●図2-13

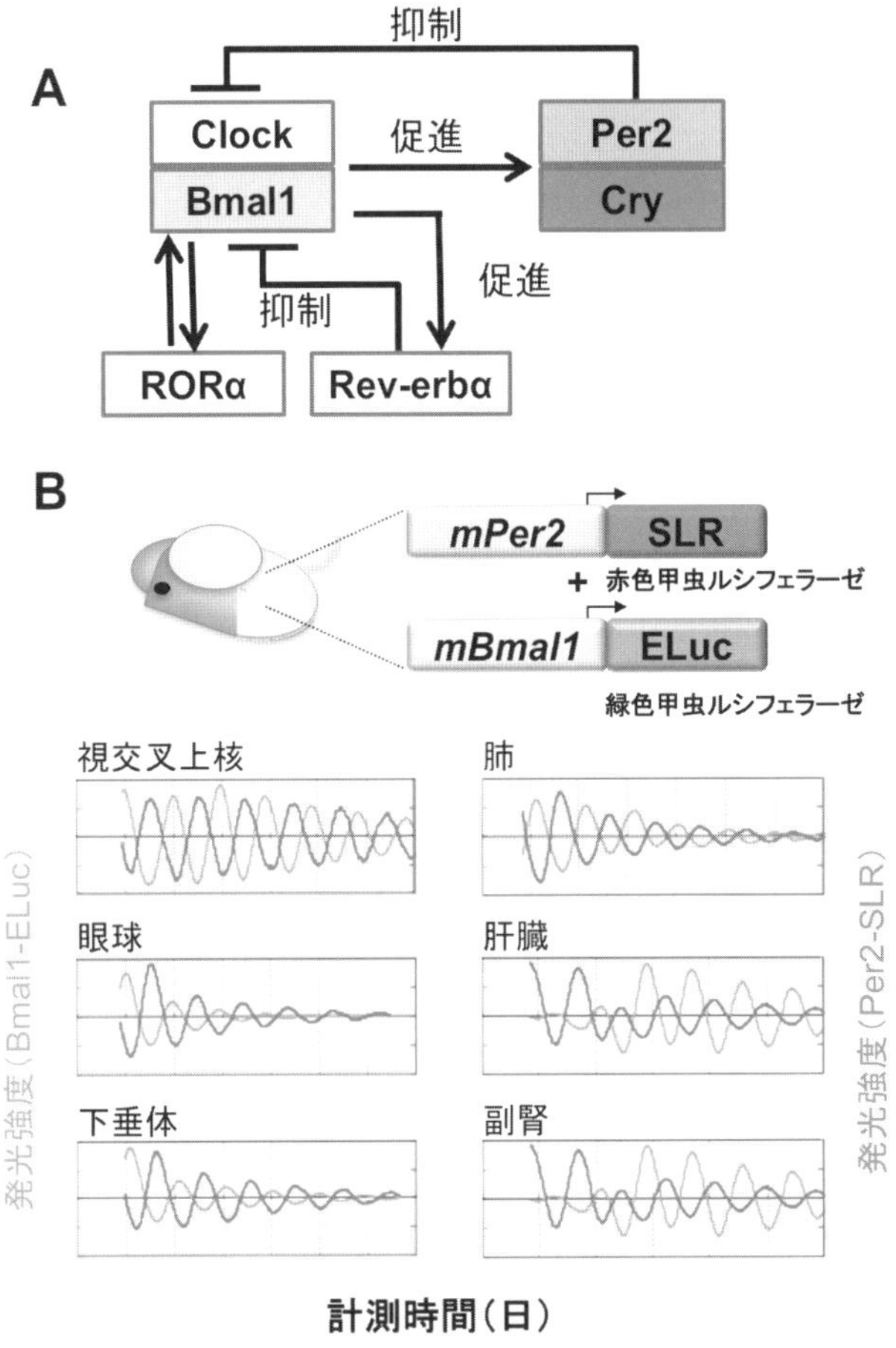


Noguchi T *et al.*: *Biochemistry* 49, 8053–61,2010の図を一部改変

(A)代表的な体内時計の分子制御メカニズム、Bmal1とClockタンパク質がPer遺伝子の発現を制御、逆位相にPerとCryタンパク質がBmal1とClock遺伝子を制御する。(B)2つの体内時計を生体組織ごとに解析した例。Per遺伝子を赤色発光ルシフェラーゼで、Bmal1遺伝子を緑色発光ルシフェラーゼで可視化する。視交叉上核が体内時計の元締め的な役割を担っている。

## 体内時計を可視化することで製品が生まれた

24時間周期を示す体内時計ですが、光でリセットされます。つまり、朝日を浴びることで、私たちの体内時計はリセットされます。しかし時差ボケや深夜労働など、体内時計を乱す生活習慣が多いのも現実です。そこで、体内時計遺伝子の位相を伸すもの、遺伝子発現の振幅巾自体を強くする成分が求められています。体内時計を可視化できる発光細胞を利用して、体内時計の調整に有効な成分の探索が行われています。例えば、Bmal1遺伝子のリアルタイムレポータアッセイを用いてネムノキ樹皮から抽出したボタニカルエキスを調べたところ、体内時計を活性化する天然成分であることが判明しました。現在「GenemClock」という商品名で市販されています(https://www.toyobo.co.jp/products/cosme/category/genemclock/index.html)。

## スプリットアッセイは相互作用をみる

図2-2で示したようにホタルルシフェラーゼの三次元構造は大ドメイン(1~

436番残基)に重なるようにC末端側の小ドメイン(440~550番残基)があり、それをつなぐように可変ループがあります。大ドメインと小ドメインに分割した遺伝子として、別々に相互作用できる別のDNA配列を挿入します。例えば、大ドメインにはリガンド(受容体と結合する生体分子の総称)の配列を、小ドメインにはリガンドと結合するレセプター(受容体)の配列を挿入すれば、リガンドとレセプターが結合した際に、大ドメインと小ドメインは近づきルシフェラーゼのタンパク質が再構成されます。このように構造情報に基づき、分離発現させたルシフェラーゼの再構成による発光強度を指標にアッセイする方法をスプリットアッセイと呼びます。分子間相互作用の解析やリガンド結合の可視化などに活用されています。詳細例は第3章の中でセレンテラジンのシステムで紹介いたします。

## 人工染色体を利用した安定した発光レポータアッセイの開発

ヒト細胞内には46本の染色体があり、細胞が分裂するごとに正確に複製されます。しかし、複製が正確に行われたとしてもエピジェネティックという仕組みによって、メチル化やヒストン修飾といった染色体DNAが化学修飾によって遺伝子の発現が制御されることがあります。特に外部からレポータ遺伝子群を直接、ランダムに染色体上に挿入した場合、当初はうまく作動し情報を発信するのですが、何代も継代すると異物情報として情報発信できなくなることがあります。これはエピジェネティック機構によるサイレンシング（遺伝子発現の不活性化）により、発現が抑制されるということです。

鳥取大学の押村らは、このエピジェネティック機構を逃れることが可能な47番目の人工染色体を生み出すことに成功しました。この47番目の染色体にレポータ遺伝子群を挿入した場合、以前は継代を重ねることで発光シグナルが減衰していたものが、50代以上継代しても、その光シグナルは減衰せず、時間的には数年単位で活用可能なレポータ細胞になっています。この方法を使えば、誰が使っても安定に評価が可能なレポータ細胞になるので、生物発光と人工染色体の融合技術は今後の活用が期待されています。

SECTION 10

# 発光する1個の細胞を観察

これまで、光る細胞集団の光を計測して、細胞内の遺伝子発現の変化を光で追跡していますが、冷却CCD（電荷結合素子）カメラなどのイメージング装置の高感度化に伴い細胞の発光を細胞集団レベルから1細胞レベルで観察が可能になりました。1細胞における免疫応答、体内時計の解析などが可能になっています。

## 1細胞の発光観察でわかること

野外でホタルを採取していると、ホタルの明滅により、おぼろげながら樹木の形が見えるような気がします。そこで細胞内の化学反応で作られたホタルの光も個々に見えると考え、これまで発光する細胞集団を計測していましたが、1個の細胞を見ようと考えました。当初は、あまりに微弱な光に、細胞の光を見ることができませんでしたが、2つの点を考慮することで、細胞内で作られた発光甲虫の光を細胞の小器官レベルまで可視化できました。

第一のポイントは、まわりが明るすぎること、つまりは装置内には〝もれた光〟が溢れているという点です。細胞を囲む周辺を徹底的に遮光し、もれ光をなくし、さらには蓄光材(例えば、色の紙テープなどは、明るい場所に置いておくと蓄光し、光を消しても継続的に発光)を排除するなど、暗箱にこだわることです。この結果、ホタルルシフェラーゼ遺伝子を導入した細胞の発光が見え始めます。しかし、細胞の小器官まではなかなか見えません。第二のポイントは、ルシフェラーゼそのものです。前述しましたが、ホタルルシフェラーゼは温度が上がると共に発光色を変え、それに伴い、発光強度も減少します。また、半減期(タンパク質の寿命)は1時間半程度です。一方、ヒカリコメツキのルシフェラーゼは温度による影響を大きくは受けず、半減期もホタルの2倍程度で、しかも量子収率も高いです。このルシフェラーゼを細胞内で発現させると光シグナルは従来の数十倍程度まで増加し、細胞小器官もはっきりと観察できます(図2-14 A)。このルシフェラーゼは東洋紡よりEllucとして販売されています(https://lifescience.toyobo.co.jp/detail/detail.php?product_detail_id=115)。

遺伝子工学の手法を用いれば、遺伝子配列の改変や、遺伝子配列の付加、削除はお手のものです。もともと発光甲虫のルシフェラーゼのC末端の配列はSKL（セリン・リジン・ロイシン）となっていますが、これは細胞内小器官ペルオキシソームに局在するためのシグナル配列です。この配列を削除するとルシフェラーゼは細胞質内全体に局在します。さらにはSLK配列をNLS配列（主にアルギ

●図2-14

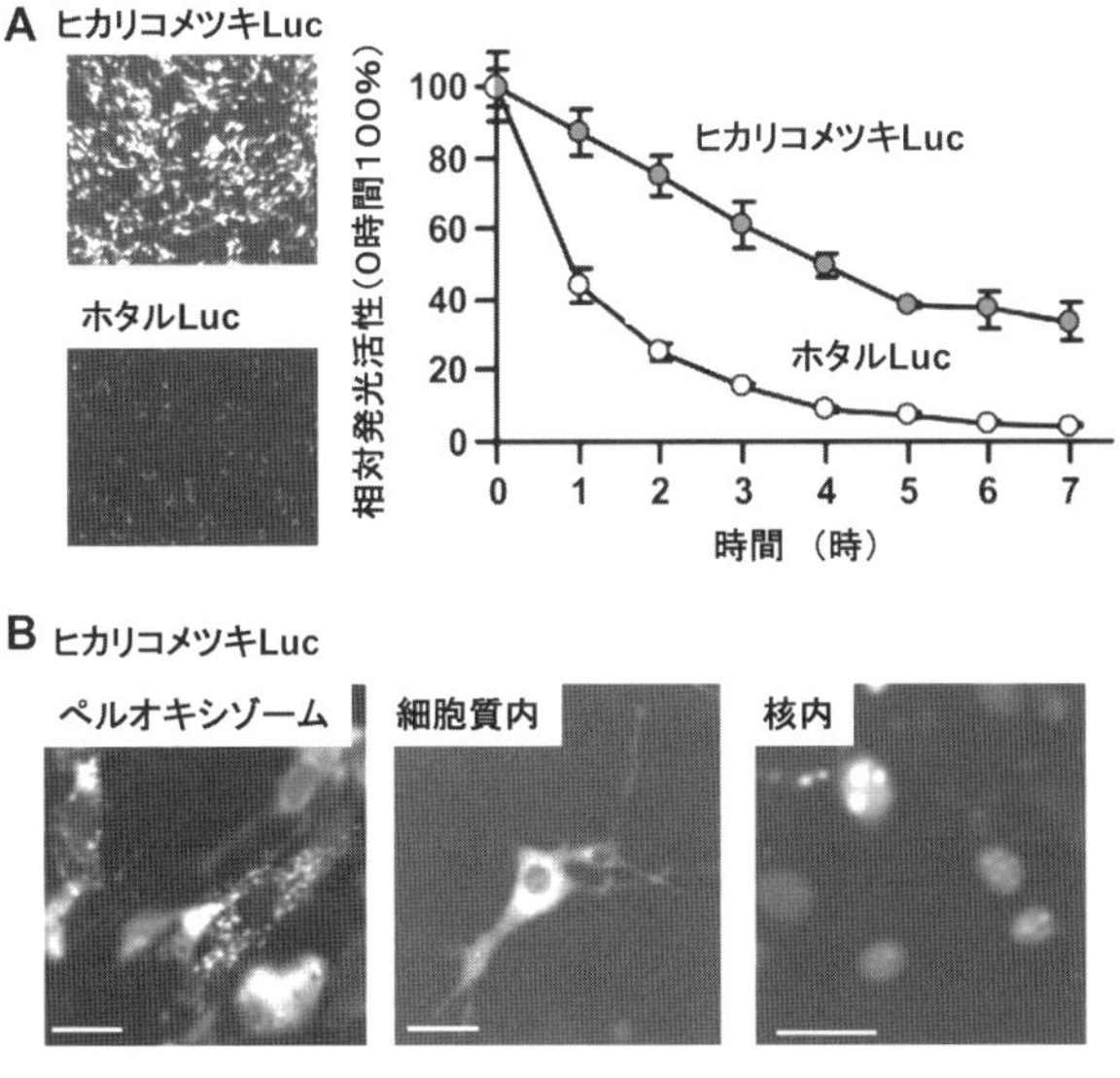


Nakajima Y *et al.*: *PLoS One* 5, e10011, 2010の図を一部改変

(A)ホタル、ヒカリコメツキの細胞内での発光強度及び半減期の違い。
(B)ヒカリコメツキルシフェラーゼの細胞発光イメージング、細胞局在シグナルを変えることで細胞内小器官を可視化できる。

ニン、リジンで構成される配列）に置き換えるとルシフェラーゼは核内に移行します。細胞分裂時など、核のダイナミックな動きを可視化できるなど、細胞小器官の動きを長時間にわたって観察できます（図2-14 B）。

## 1細胞の中の体内時計の動態

前述したようにリアルタイムアッセイにより細胞集団レベル、組織レベルで体内時計は正確に時を刻み、細胞内から個体全体の恒常性を保つ働きをしています。では、1個の細胞内の時計の動きも同様でしょうか？　おそらく同様だろうと考えるのが普通です。でも、そこを確かめることも科学の進歩には重要なことです。

図2-13ではBmal1とPer遺伝子の動きをそれぞれ赤色と緑色ルシフェラーゼの発光シグナルを細胞集団レベルで測定しました。次に、作成された細胞群を1細胞レベルで可視化できる装置が必要です。どのように光を分け、どのように検出するかが問題となります。光の色を分離するものとしてダイクロイックミラーがあります。これを使えば、赤色と緑色の光を分け、これをうまく集光することで、検出する冷却

CCDの半分に赤色、その半分に緑を主成分とした光として検出できます(図2-15A)。

図2-15Bは2つの時計遺伝子の発現パターンを同時に可視化した例です。可視化した結果、1個ずつの細胞では、少しずれているものはありましたが、それぞれの発光の変化をみると、平均値的には集団と同じであることがわかりました。体内時計は周りの環境を受けるものの、集団としては正しく周期性を保っているのでしょう。

●図2-15

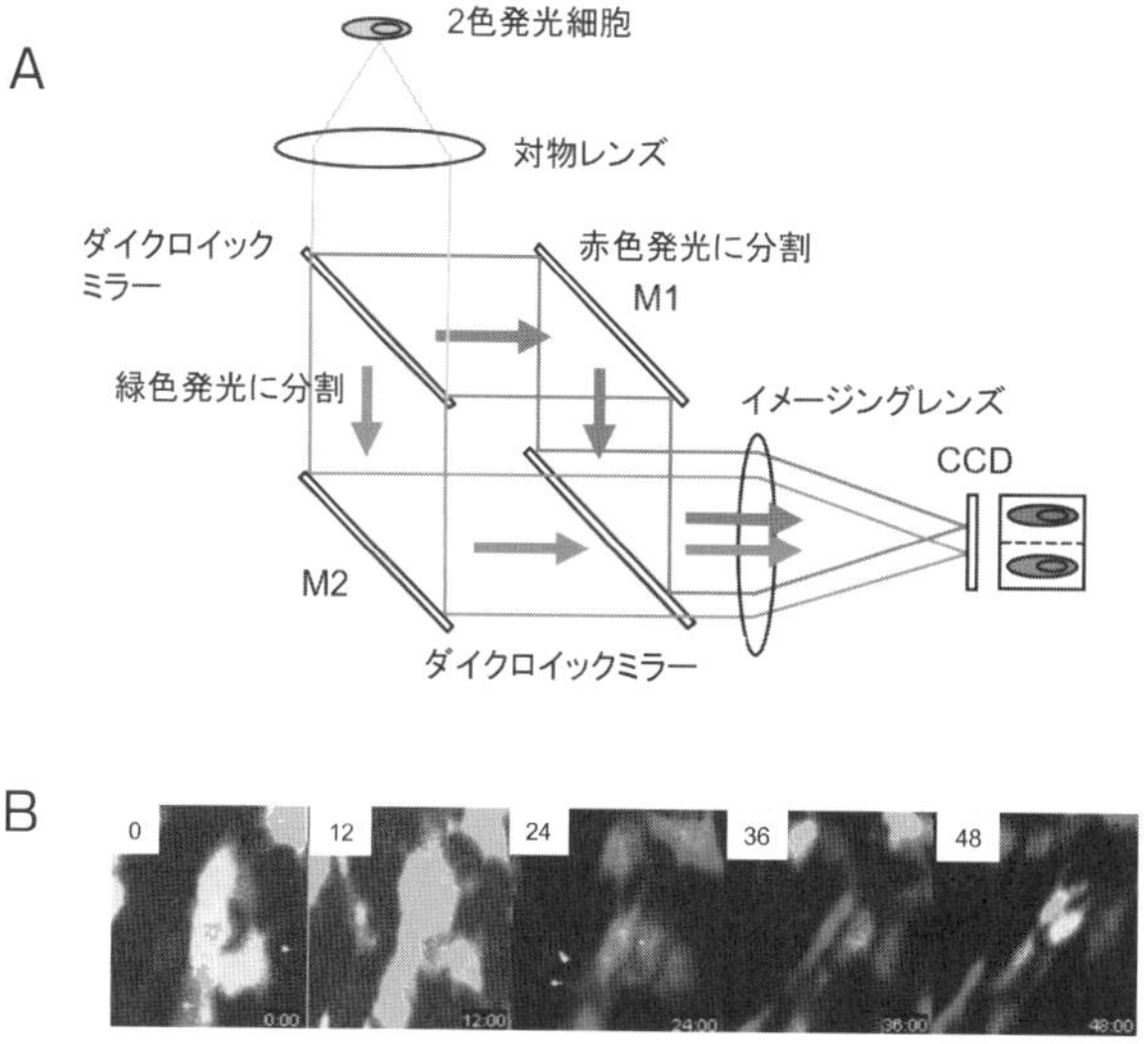


Kwon HJ *et al.*: *BioTechniques* 48, 460-2, 2010の図を一部改変

(A)2色発光細胞の光イメージング装置の概略、ダイクロイックミラーを用いて2つの発光色の光を分離し、冷却CCD上に集光させる。(B)一細胞における2つの時計遺伝子の遺伝子発現の可視化。Per遺伝子を赤色発光ルシフェラーゼで、Bmal1遺伝子を緑色発光ルシフェラーゼで可視化する。

## 1個の細胞の中で免疫応答をリアルタイムに観察

図2-15で紹介した装置を用いることで、1個の細胞の中の2つの対象遺伝子の発現パターンを1週間程度観察することができます。しかしながら、2つの発光色の強度レベルが近すぎた場合、光の色分離が難しい時間帯が存在します。そこで、空間的にも分離、つまりは発光色の異なるルシフェラーゼを細胞内小器官に局在させることで、より正確に1個の細胞における遺伝子発現を解析する技術が必要となります。

正確に1個の細胞内での遺伝子発現を解析した例として、1つの刺激に対する免疫応答の変化を可視化することに挑戦しました。これは1個の細胞が1つの反応系としてみなせるのかの検証にもなります。NF-κB応答配列（NF-κBは免疫反応の中核をなす転写因子の1つ）の下流に核内に移行する赤色ルシフェラーゼ遺伝子を、内部標準として定常的に発現するCMVプロモータの下流にペルオキシソーム内に移行する緑色ルシフェラーゼ遺伝子を導入しました。TNFα（腫瘍ネクロ一シス化因子）によりNF-κBを活性化すると共に核内の赤色発光は増加しますが、内部標準レポータであるペルオキシソーム内の緑色発光はほぼ一定で、1細胞内の異なる細胞小器官で2つの遺伝子発現の変化を同時に可視化できます（図2-16）。

細胞小器官の違いでルシフェラーゼの寿命が異なり、遺伝子発現情報が異なるのか、ルシフェラーゼを入れ替えて検証しましたが違いはなく、小器官の局在、発光色の異なるルシフェラーゼで細胞情報の結果が異なることはありません。従って細胞1個を1つの反応系とみなすことが可能であり、将来的には細胞間の情報の伝わり方などを可視化することが可能になるで

●図2-16

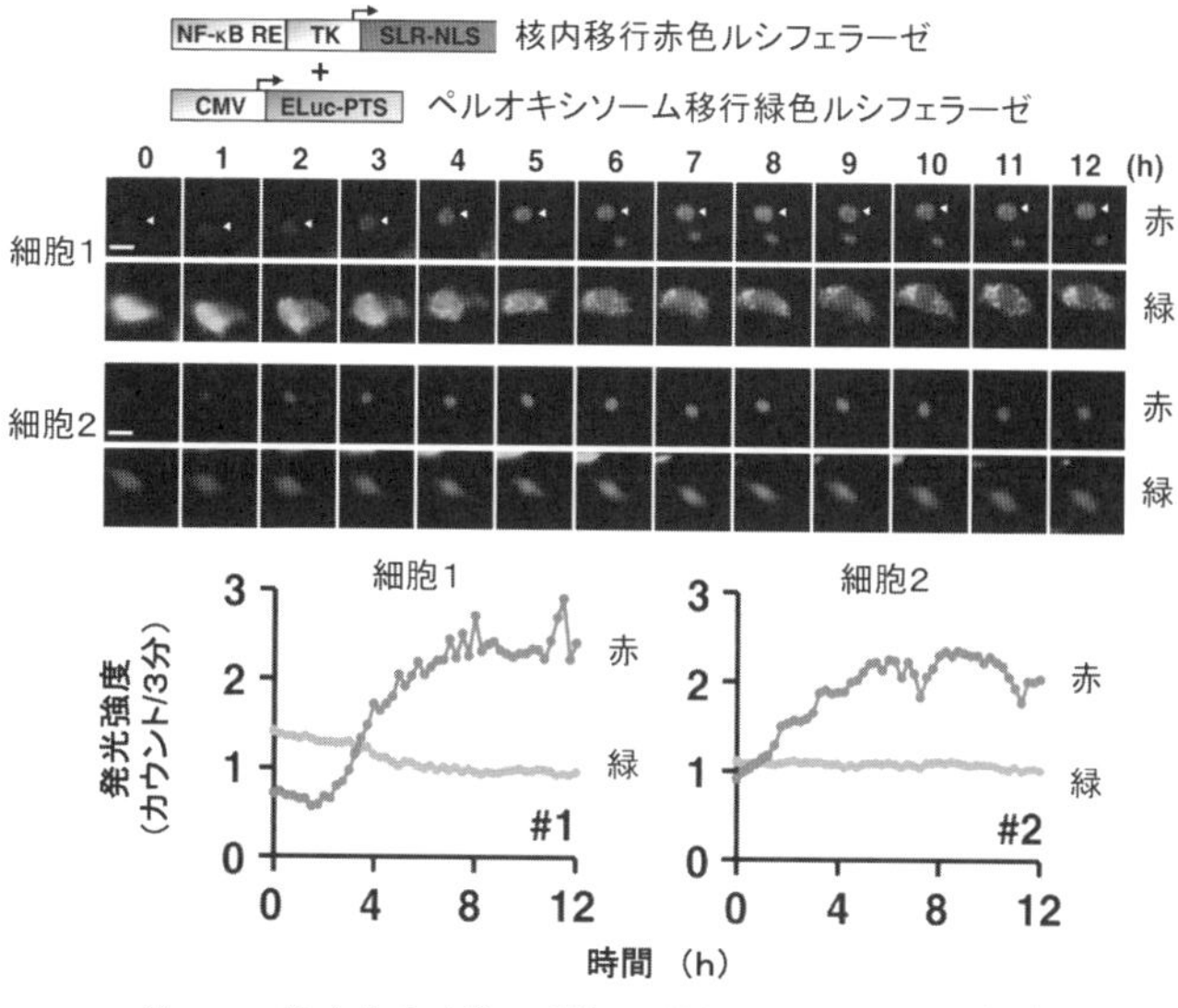


Yasunaga M *et al.*: *Anal Bioanal Chem.* 406, 5735-52, 2014の図を一部改変

2色発光細胞による一細胞レベルの免疫応答の可視化。NF-κBは核内移行シグナルを持つ赤色発光ルシフェラーゼ遺伝子で、内部標準として定常発現するCMV遺伝子はペルオキシソーム移行緑色発光ルシフェラーゼ遺伝子を用いて、その応答性を可視化する。

しょう。これらの結果から一細胞ごとでは、すべてが同じパターンの遺伝子発現をしないことがわかりますが、多数の一細胞の応答の平均値をとれば細胞集団と同じくなることがわかりました。

## 細胞内のpHの変化を読み取る

ブラジルでホタル採取をしていたとき、同じホタルなのに夕方と夜間で発光色の異なるホタルがいました。このホタルのルシフェラーゼは温度に対して敏感なようです。多くのホタルが室温から37℃くらいに変化した際に赤色の発光に変化するのに対して、30℃以下でも赤色に発光します。よって夕方の気温が高いときには黄色かかった発光が、夜間に気温が下がると共に緑色になったのです。ホタルのルシフェラーゼの多

●図2-17

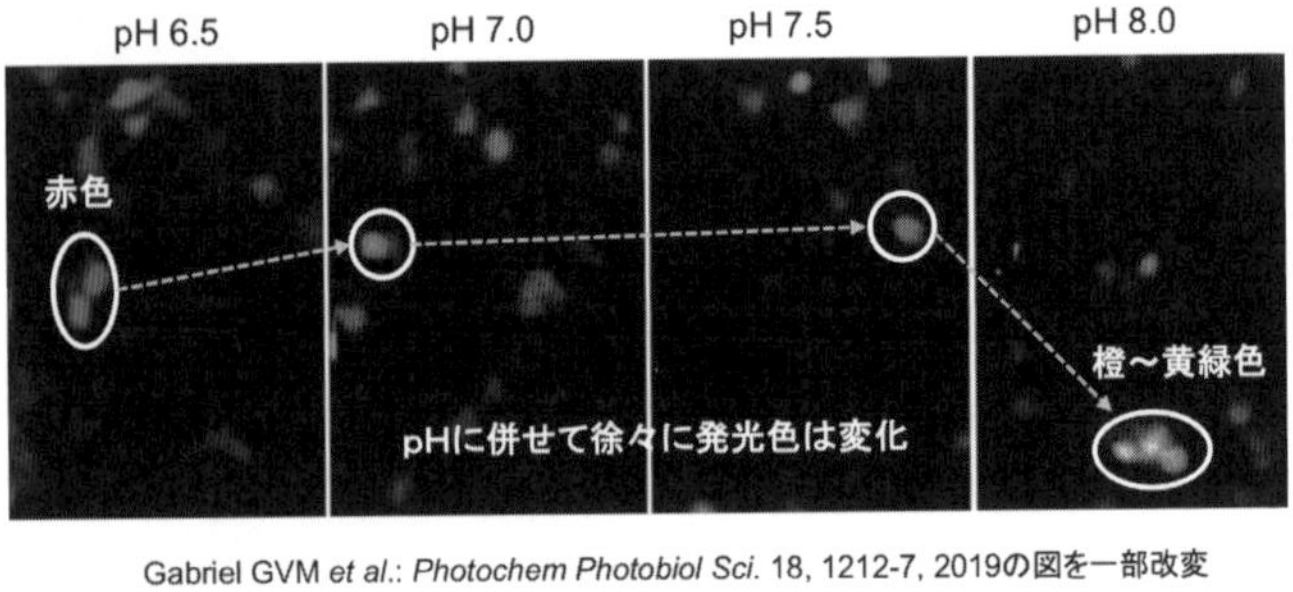


Gabriel GVM *et al.*: *Photochem Photobiol Sci*. 18, 1212-7, 2019の図を一部改変

細胞内のpH変化を可視化。pHに高い感受性を持つホタルルシフェラーゼを細胞内で発現させ、発光色の変化によりpH変化を可視化する。

くは温度、pH、重金属イオンで発光色が変化します。この温度に敏感なホタルルシフェラーゼはpHにも敏感です。

このルシフェラーゼ遺伝子を細胞内に発現させ、細胞内のpHを変化させる薬剤を培地に加えると徐々に発光色が変化する様子が観察されました。ホタルのルシフェラーゼは一細胞内の変化を知る指示薬の役割を担うこともできます(図2-17)。

SECTION 11

# ホタルルシフェラーゼ遺伝子導入細胞

レポータ細胞では、特定のシグナルに反応して光の発光強度が増減する現象を利用することで、細胞応答（細胞内生理）を可視化することができます。一方、一定に発光する細胞を作り、それをマウスなどの実験動物に移植すれば、発光を指標にして、動物自体の生理的な変化を追うことができます。ここでは光るガン細胞や光る骨髄細胞など、光る細胞自体の活用を紹介いたします。

## 光るガン細胞でガンの増殖、転移を視る

光るガン細胞を作成してマウスに移植して、ガンの進行を調べたのは2000年頃で、このころから急激にガン研究にホタルルシフェラーゼを発現したガン細胞が用いられるようになりました。特にガン細胞がなくなれば発光は消失、転移すれば別な箇

所の臓器が光り出すことから、ガンの治療薬の評価を含めて多くの場面で発光ガン細胞が使われるようになっています。

例として、図2-18はマウスの乳ガン細胞の転移を観察したものです。マウスに乳ガン細胞を移植したところ、ガン細胞はマウスの肺や、リンパ節さらに顎の骨にも小さい転移が見られます。このようなガン発光細胞移植マウスは抗ガン剤の効果の検証などのほかに、ガン細胞摘出後の再発メカニズムの解明など、種々の用途に使われています。

●図2-18

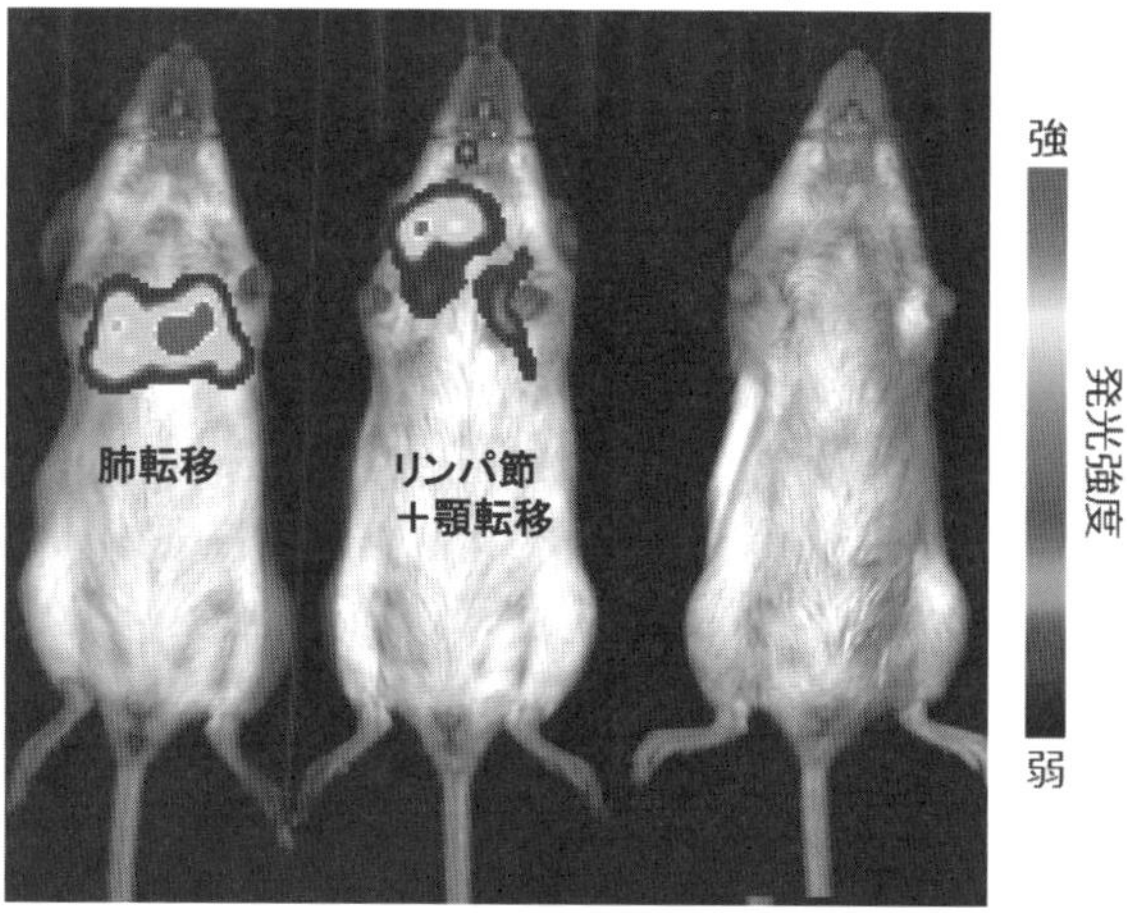


提供：自治医科大学・口丸高広

マウスの乳ガン細胞の転移を可視化。左の個体は肺転移です。中央の個体は肺とリンパ節転移さらに顎の骨にも小さい転移が見つかりました。

## 近赤外を出すルシフェリンアナログたち

ルシフェラーゼ遺伝子を遺伝子改変することで多くの異なる発光色の、あるいは安定性の異なる変異体などが作成できます。一方、ルシフェリンの構造も化学的に変えることができ、異なる発光色のルシフェリンを作成することができます。そんな中で注目されているのは「生体の窓」と呼ばれる近赤外の発光波長領域です(図1-2参照)。

「生体の窓」とは、例えば、生体の中には至る所に毛細血管があり、血液成分として酸素を運ぶヘモグロビンが多量に含まれています。ヘモグロビンは可視光、特に青色から赤色一部の光を吸収する性質を持っており、生体深部で可視光を発しても光はほとんど透過しません。一方、650-800nmの近赤外光線はヘモグロビンに吸収されにくく、生体を透過します。この650-800nmの近赤外光線の領域が「生体の窓」と呼ばれる波長範囲です。

発光波長はオキシルシフェリンの蛍光性に依存すると説明しましたが、ホタルのルシフェラーゼより分子として認識される範囲であれば、ルシフェリンの構造を変えても酸化反応を触媒できます。そこで各種のホタルルシフェリンアナログが作られています。図2-19は通常使われることが多い、アメリカ産ホタルルシフェラーゼと3つのルシフェリンアナログとの組み合わせで変化する発光スペクトルを記載したものです。青色発光から近赤外光を生み出すホタルルシフェリンアナログが開発されています。

## 細胞深部の可視化

ガン研究や生体メカニズム研究にはマウスやラットのような動物実験用のモデル動物が利用されています。げっ歯類のマウスはハツカネズミ、ラットはドブネズミと言われるもので、ラットに比べてマウスは半分程度の大きさです。従来、ホタルの発光を利用し

●図2-19

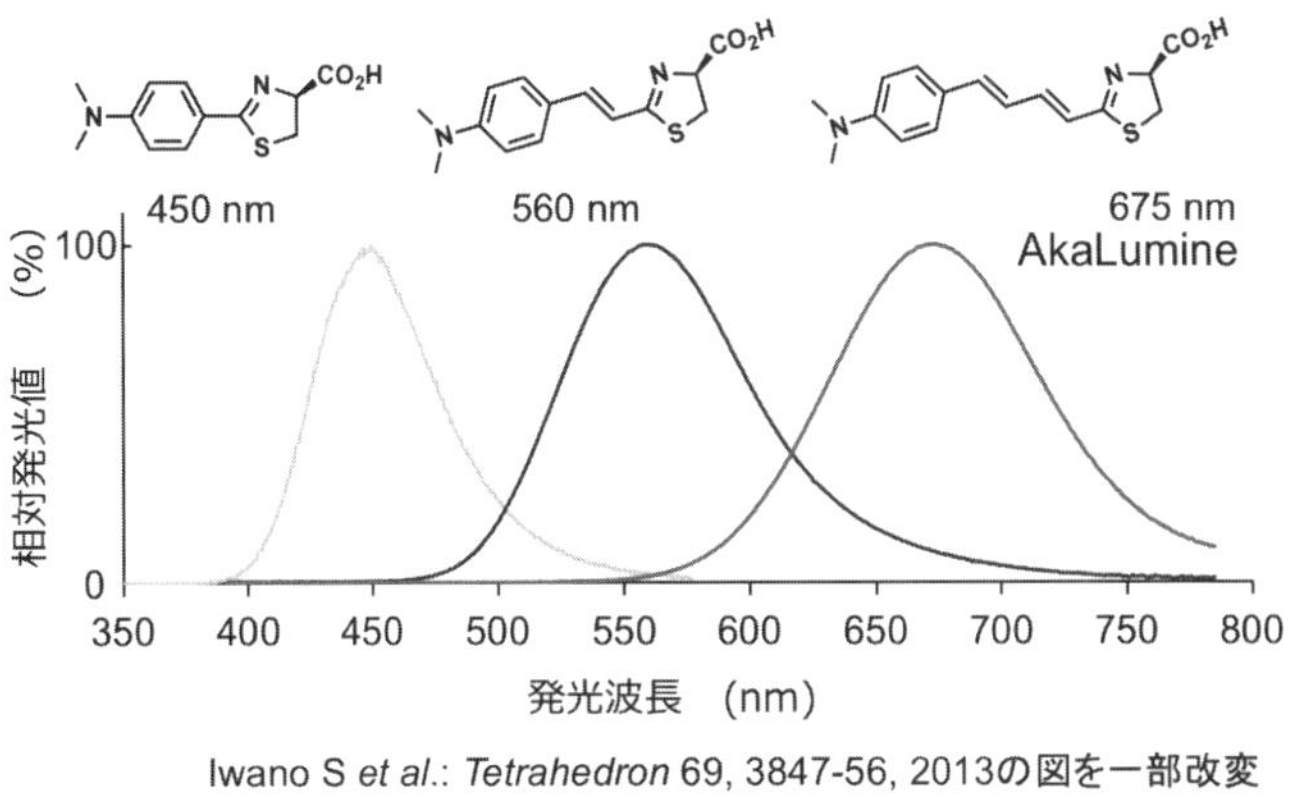


Iwano S *et al.*: *Tetrahedron* 69, 3847-56, 2013の図を一部改変

米国産ホタルルシフェラーゼと3つのホタルルシフェリンアナログの発光スペクトル。ホタルルシフェリンアナログAkaLumineは近赤外光を生み出すことができる。

た生体イメージングはマウスが中心で、光るガン細胞を移植し、薬の効力やガンの転移の観察に用いられています。特に免疫系が阻害されている毛のないヌードマウスはヒト由来ガン細胞に対して拒絶反応を起こさないため、多くの実験で用いられています。ただし、血中ヘモグロビンによる光の吸収のため、生体深部のイメージングには向いていませんでした。

理化学研究所の宮脇、岩野らは、図2-19で紹介した近赤外発光（最大発光波長675nm）を生み出すことができるホタルルシフェリンアナログ「AkaLumine」を開発するとともに、このルシフェリンアナログに特化したホタルルシフェラーゼ変異体を組み合わせることで、小型霊長類（コモンマーモセット）の脳深部の非侵襲イメージングに成功しています（図2-20）。このシステムを

●図2-20

Iwano S *et al.*: *Science* 359, 935-9, 2018の図を一部改変

近赤外発光ホタルルシフェリンアナログを用いた小型霊長類（コモンマーモセット）の脳深部の非侵襲イメージング。近赤外光は毛細血管などの多い臓器からも光を観察できる。

用いることにより、毛細血管の多い臓器である肝臓や脳のガン研究や生体機能研究等が進展することでしょう。

## 光る骨髄細胞が教える神経再生

ガン細胞を移植してガン細胞の増殖、転移をみるという手法はガン治療のための薬剤評価に役立っていますが、それ以外にも正常な発光細胞を移植して、移植による変化や再生を評価するためにも発光細胞は利用されています。

例えば、ホタルルシフェラーゼ遺伝子が発現するトランスジェニック(TG)マウスより取り出した骨髄細胞を野生型のマウスに移植します。その後、脳内にLPS(リポポリサッカライドはエンドトキシン(内毒素)であり細胞の生理作用に影響を与える)を投入、炎症を起こし、その再生段階をモニターすることができます。

実験は頭蓋骨の一部を切開したマウスにLPS投与後、数日間で発光シグナルが検出され、時間の経過とともにシグナルが大きくなることを観察、骨髄細胞から脳内に細胞の浸潤が起こり、脳内の細胞が再生される段階を可視化できました(図2-21)。同様なことをGFP（緑色蛍光タンパク質）が発現する骨髄細胞を導入したマウスでも行ったところ、浸潤が脳内深部で起こるため蛍光シグナルの増加を観察できませんでした。このように、発光は蛍光物質が励起光を必要する可視化法であるのに対して、外から光を入れなくても化学反応による冷光ですので、生体内部の現象を追跡できます。

●図2-21

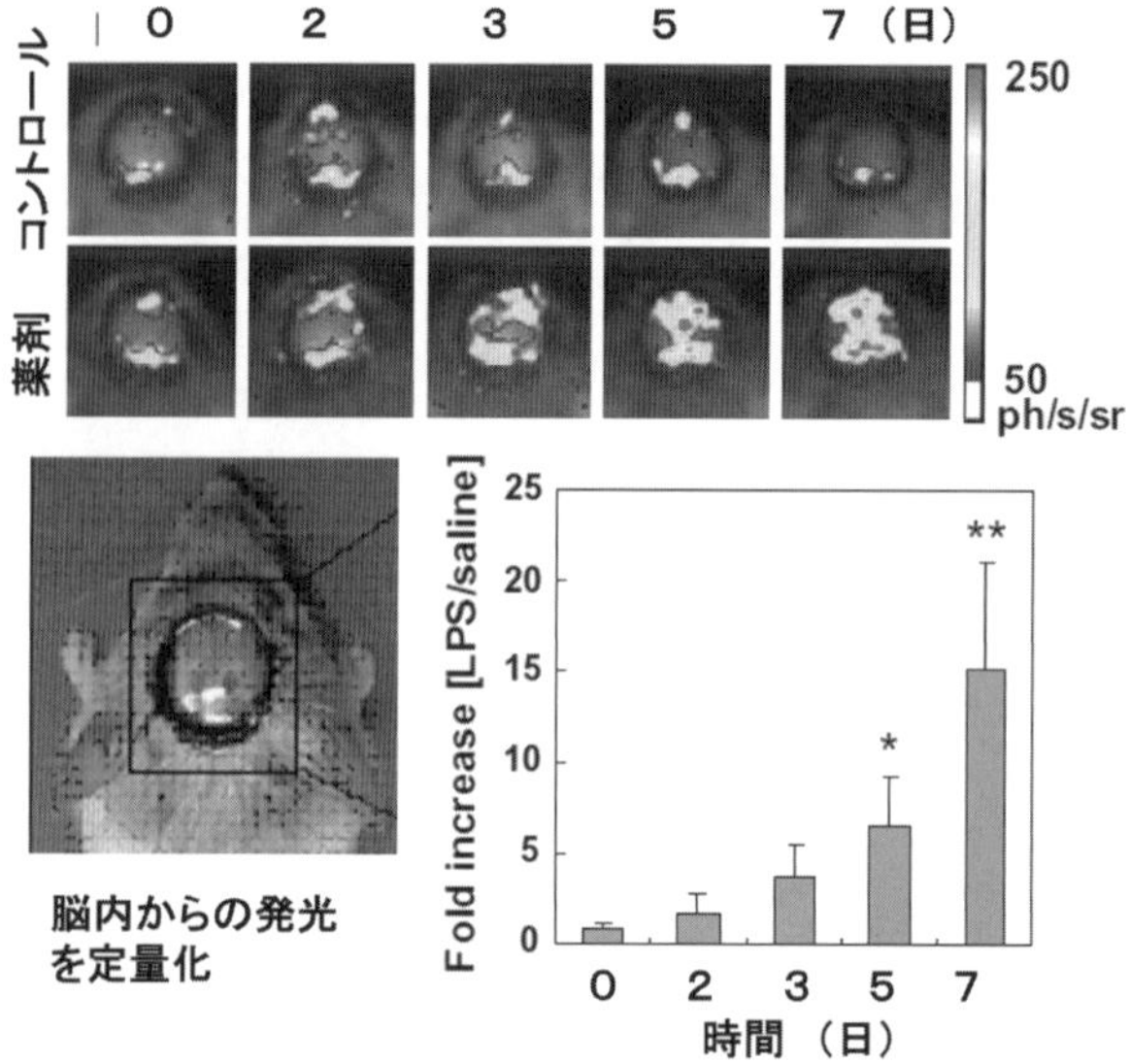


Akimoto H *et al.*: *Biochem Biophys Res Commun*. 380, 844-9, 2009
の図を一部改変

発光骨髄細胞を用いた脳内深部神経再生イメージング。発光マウスから取り出した骨髄を移植し、脳の炎症に伴う骨髄の浸潤過程を可視化する。

## 発光する線虫が伝える卵から成虫までの遺伝子の動き

最近、線虫でガンを発見するというサービスが生まれ、線虫は研究者以外にも周知されたモデル生物となっています。線虫は線形動物に属し、土壌や海洋中に単独で生息することが多いですが、一部のものは寄生することもあります。受精卵から成虫に至る全細胞の発生、分化の過程が明らかになっているモデル生物の1つとして、多くの研究に使われています。特徴は実験、維持が容易なこと、卵は冷凍で保存できることなどです。匂いを検知する能力が高く、そのためガンの匂いをかぎ分けることができると言われています。また、2008年のノーベル化学賞の受賞理由はGFP（緑色蛍光タンパク質）の発見と応用ということですが、受賞者の一人チャルフィー博士はGFPを線虫で発現させたことが受賞理由になっています。

1つの動物個体の生から死まで、ある遺伝子の発現を追跡することは難しいですが、線虫なら可能です。線虫は光が透過しやすい構造で50～60日間程度の寿命で、また、モデル生物として多くの遺伝子情報が明らかになっています。すでに、発生などにかかわる遺伝子の発現を赤、緑色発光ルシフェラーゼで可視化する線虫が作られています。例えば、遺伝子発現のコントロールとしてmyo-3遺伝子を赤色に、分化マーカーとしてsur-5遺伝子を緑色で発光する線虫が作成されています。この線虫では卵から発光が確認でき、成虫になるまでのL1からL4のステージごとにsur-5遺伝子が一過的に増減することがわかりました(図2-22)。線虫は老化や運動機能の評価もでき、今後、光る線虫は生理活性物質の評価等にも用いることが可能でしょう。

●図2-22

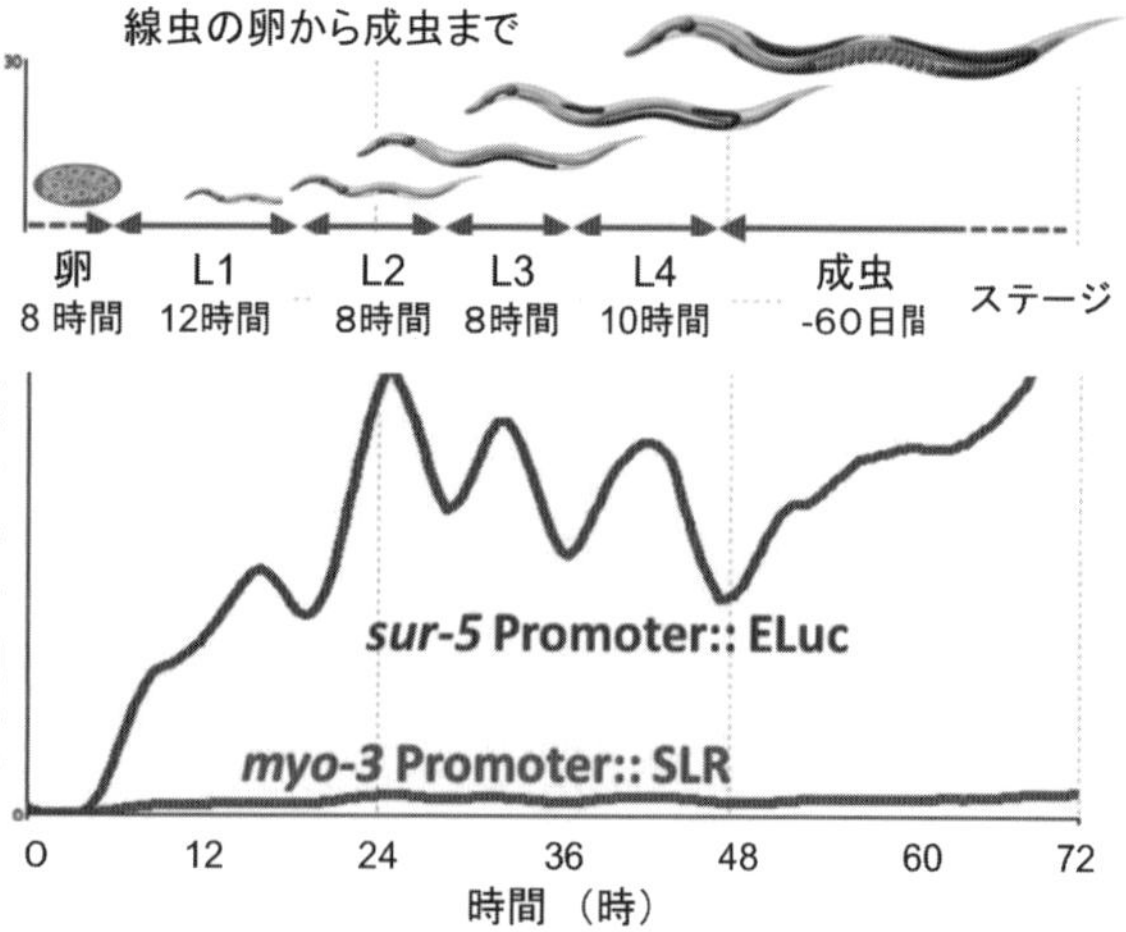


Doi M *et al.*: *Int J Mol Sci.* 22, E119, 2021の図を一部改変

卵から成虫まで発光する線虫の遺伝子の動きを可視化。分化マーカーであるsur-5遺伝子を緑色発光ルシフェラーゼで、コントロールしmyo-3遺伝子を赤色発光ルシフェラーゼで成虫になるまでのL1からL4のステージの遺伝子発現変動を可視化する。

SECTION 12

# ルシフェリン・ルシフェラーゼ反応がＡＴＰを可視化

ホタルのルシフェリン・ルシフェラーゼ反応にはＡＴＰが必須で、ルシフェリン、ルシフェラーゼ、酸素が十分量あれば、ＡＴＰ量が発光量の強さを決定します。ガン組織切片にホタルルシフェリン・ルシフェラーゼをふりかけ、ガン組織内のＡＴＰ量を直接可視化した論文があり、生物発光を利用した例の1つです。そこで、ホタルルシフェリン・ルシフェラーゼ反応にＡＴＰを介した応用展開例を紹介しましょう。

## ＡＴＰをみることは生物をみること

ＡＴＰ(アデノシン-3-リン酸)は、すべての生物が持っており、エネルギーとして活用されています。ということは、一見、目には見えない細菌や微生物もＡＴＰをエネルギーとして活用しており、ＡＴＰを検出すれば、その存在を知ることになります。

つまり、ルシフェリン・ルシフェラーゼを振りかけて光が検出できれば、そこにはATPがあり、微生物や生体組織の痕跡があることがわかります。

例えば、洗ったはずのまな板や包丁に菌が残っていると繁殖するかもしれません。用心のためにはあらゆる菌もないことがベストです。菌も当然のように、すべての生物にとっての究極のエネルギーであるATPを持っています。ただし菌の種類によってATP量は違いますが、菌数とATPの数は相関しますので、ルシフェリン、ルシフェラーゼ、酸素が大過剰の条件で反応を行えば、発光量から菌の数が推定できます。すでにキッコーマン社よりATPふき取り検査システムルミテスターSmartとして簡易な製品が販売されています(図2-23)。また、NASA(アメリカ航空宇宙局)は火星に生物がいるのか、あるいは、いたのかを探るため、火星探索機を送り込もうとしています。探

●図2-23

キッコーマン社よりATPふき取り検査システムルミテスター Smart。右図のふき取り綿棒を試薬内に挿入し、それをルミテスターで発光量を計測する。

査機ではATPの有無により、生命体の痕跡を見つけようとしています。火星の土採取装置にホタルルシフェリン・ルシフェラーゼ溶液を仕込んで、生命体あるいはその痕跡をホタルの光で検出することを予定しています。ただし、地球外生物も地球上の生命体と同様にATPをエネルギー源としていることが前提になっています。

## ATPを指標にしたパイロシークエンス法とは?

遺伝子配列を読む方法にホタルの生物発光を用いたパイロシークエンス法があります(図2-24)。DNAが伸長する際、親鎖と言われる一本鎖の鋳型DNAは3'末端からA・G・T・C・Tとなっています。これに逆方向に5'側からT・C・AとDNAは伸長します。伸長する際、DNAポリメラーゼによりA、G、T、Cの核酸が1個ずつ選択され結合、DNA鎖として合成されます。実際には、鋳型DNAに合成の先導となるプライマーの3'末端に鋳型に対応するデオキシリボ核酸(dATP、dCTP、dTTP、dGTP)がDNA鎖として結合、1個伸びるごとにピロリン酸(PPi)を生成します。

●図2-24

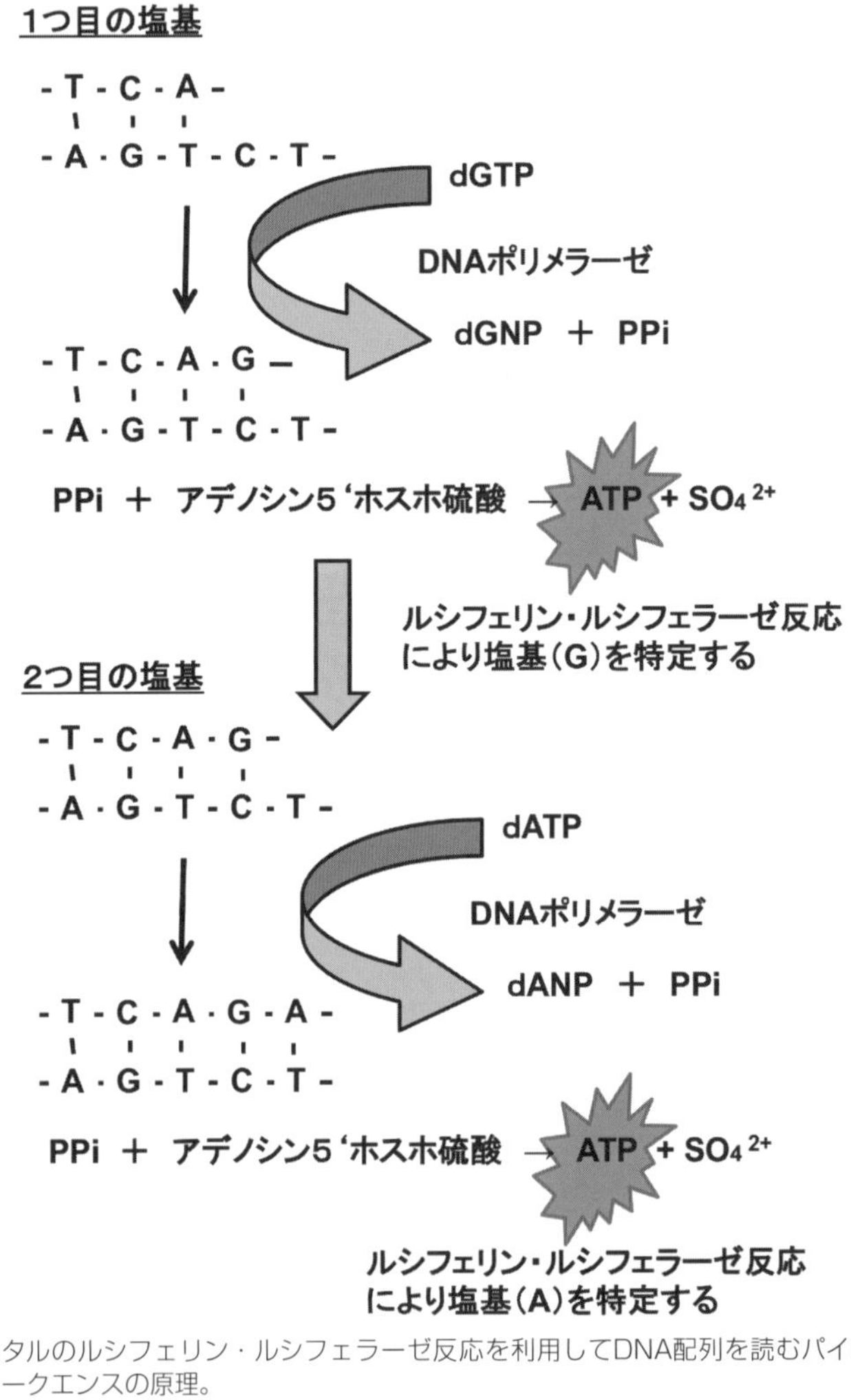


ホタルのルシフェリン・ルシフェラーゼ反応を利用してDNA配列を読むパイロシークエンスの原理。

生成するピロリン酸はホタルルシフェリン・ルシフェラーゼ反応では測定できませんが、ピロリン酸はＡＴＰスルフリラーゼという酵素の触媒作用でアデノシン5'ホスホ硫酸と反応しＡＴＰが合成されます。ＡＴＰが合成されれば、ホタルルシフェリン・ルシフェラーゼ反応で光として検出されます。どのデオキシリボ核酸を入れたときに光が検出されたかを調べることで伸長した核酸を特定します。この方法を繰り返すことで遺伝子配列が決定されます。

## 一塩基多型（ＳＮＰｓ）情報をＡＴＰで読み解く

ＤＮＡ配列は人それぞれで少しだけ異なっています。異なっている部分を変異部位といいます。その中でも1つの塩基だけ変異したものを一塩基多型（ＳＮＰｓ）といい、その判定法をＳＮＰｓ解析とよびます。多くのタンパク質には一塩基多型が特定の場所に存在し、個人の識別にもなりますが、遺伝病の原因にもなっています。例えば、ＤＮＡ修復や細胞増殖サイクルを制御するｐ53遺伝子はガン化マーカーの1つですが、一塩基多型を持ち、ガンのなりやすさと関係すると考えられています。よって一塩基多型によりガンのなりやすさを知ることができます。最も簡便な検出方法の1つとしてパイロシークエンス法が利用されています。

p53の鋳型DNAの野生型がAの場所が、変異型ではTになっています。SNPsを解析する際、対象となる一塩基多型の手前まで結合するように設計されたプライマーを鋳型DNAに結合させます。その後、DNAポリメラーゼ存在下でデオキシリボ核酸を加えます。鋳型塩基Aに対してdTTPを加えれば反応によりTが結合すると共にピロリン酸が生成します。ピロリン酸をATPに変換すれば、ルシフェリン・ルシフェラーゼ反応により発光が確認され、野生型のp53の持ち主であると判断できます。つまり発光が確認できなければ、変異型となります。個別化医療が進む現在、個人の個性でもある一塩基多型を知ることにより、薬や治療の選択が可能になります。

## 細胞内のATPの変化を可視化

ATPは細胞にとって重要なエネルギー源であり、発生、分化等の生命維持にかかわる生理現象において欠かせない物質です。よって、例えば再生過程における細胞分裂を支えるエネルギー源となります。軟骨再生過程のモデル細胞であるＡＴＤＣ５細胞は培養液中にインスリンを加えると数日後に軟骨様細胞に急激に分化し、３次元の構築物となることが知られています。この分化過程におけるエネルギー事情を調べるためＡＴＤＣ５細胞にホタルルシフェラーゼを高発現できる遺伝子ベクターを導入、発光可能な細胞を構築しました。

作製された発光ＡＴＤＣ５細胞を培養しインスリンを加えたところ、数日後に４時間周期で発光が増減する現象が起きました。これは、軟骨への分化が進む段階で再生に必要なエネルギーの元ともなるＡＴＰが欠乏してしまい、そのためにホタルの発光に必要なＡＴＰが一時的に供給できず、発光が減少したためのものでした。しかし、欠乏したＡＴＰが再供給されることで

●図2-25

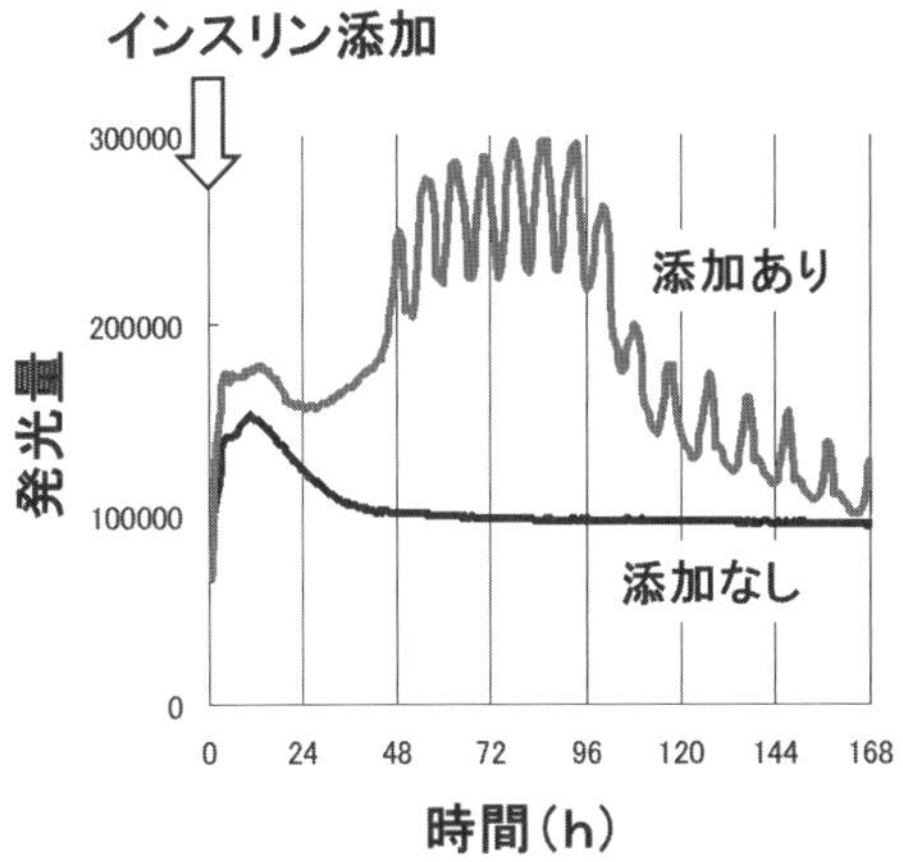


Kwon HJ *et al.*: *Cell Death Dis.* 3, e278, 2012の図を一部改変

ホタルルシフェラーゼを導入した発光細胞を利用したATP量のモニタリング。発光するATDC5細胞にインスリンを加えると数日後に発光量が数時間間隔で増減する。

再び発光量は増加します。これらのATP量の増減は4時間周期で数日間にわたって繰り返され、3次元化された軟骨組織へと分化しました(図2-25)。まだまだ不明な点が多い再生現象ですが、ATPの可視化によって新たな一面が解明されました。生物発光は生体システムを知る上で重要な情報を伝えてくれます。

## シグナルとしてのATPを検出

ATPは生体のエネルギーである一方、細胞間のある種のシグナルとして、例えば、細胞に危険を知らせるデンジャーシグナルの1つとしても活用されています。細胞が壊れると細胞内のATPが放出され、付近の細胞や組織に細胞が壊れるような出来事が起きているとATPが知らせているのです。そこで、アガロースビーズにホタルルシフェラーゼを結合させたものを作ります。このビーズの周辺にルシフェリンとATPがあれば、発光が検出されます。ホタルルシフェラーゼを結合させたビーズをマウス皮下に注入し、テープ脱着を繰り返すことで皮膚の炎症を起こし、炎症により壊れた細胞からATPが放出されます。すると、その炎症の度合いに応じて変化した

ＡＴＰに応じて発光が確認されます。一方、抗炎症剤を加えることで発光は減少し炎症が緩和されたことを示してくれます。このように炎症反応反応に伴うデンジャーシグナルとしてのＡＴＰを可視化することで薬剤の効果を確認できます（図２-26）。

●図2-26

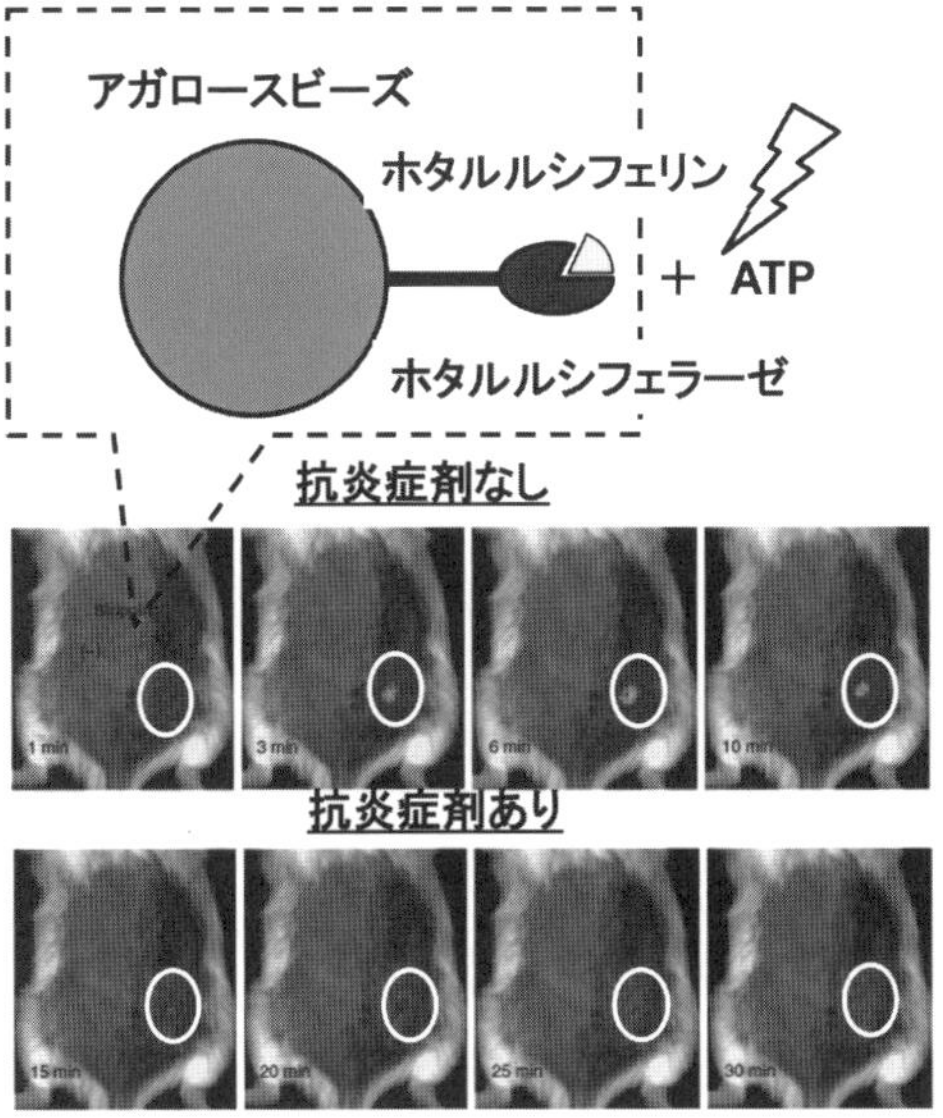


Takahashi T *et al.*: *J Invest Dermatol* 133, 2407-15, 2013の図を一部改変

ホタルルシフェラーゼ結合ビーズによるマウス皮膚炎症の可視化。テープストリッピング試験をすると刺激により発光が増加するが、抗炎症剤によって抑制される。

SECTION 13

# ホタルルシフェリンの生合成経路

これまで、ルシフェラーゼ遺伝子、遺伝子導入した発光細胞、ルシフェリン・ルシフェラーゼ反応自体、さらにはATPを介した応用展開を説明してきました。いよいよ最後になりますが、ルシフェリンの生合成経路にまつわる応用展開を紹介しましょう。

## アミノ酸のシステインを定量する

前述したように、ホタルルシフェリンは、はじめにアミノ酸の1つであるL-システインと8-キノンという化合物が反応し2-シアノ-6-ヒドロキシベンゾチアゾール（CHBT）ができ、さらにシステインとCHBTが結合してルシフェリンが生合成されます（図2-27A）。よって、合成されたルシフェリンとルシフェラーゼを反応させれば発光しますが、反応条件によりL-システインを発光量で定量できます。図2-27B

はCHBT、ホタルルシフェラーゼとATPを大過剰の条件下において、システイン量を変化させ発光量を測定したものです。0・1μM程度までシステイン量が測定可能ですが、0・5μMから10μMまでL-システイン量と発光量がよく相関することがわかります。このようにホタルの発光系を利用することで、アミノ酸の1つであるシステインを定量することができます。

●図2-27

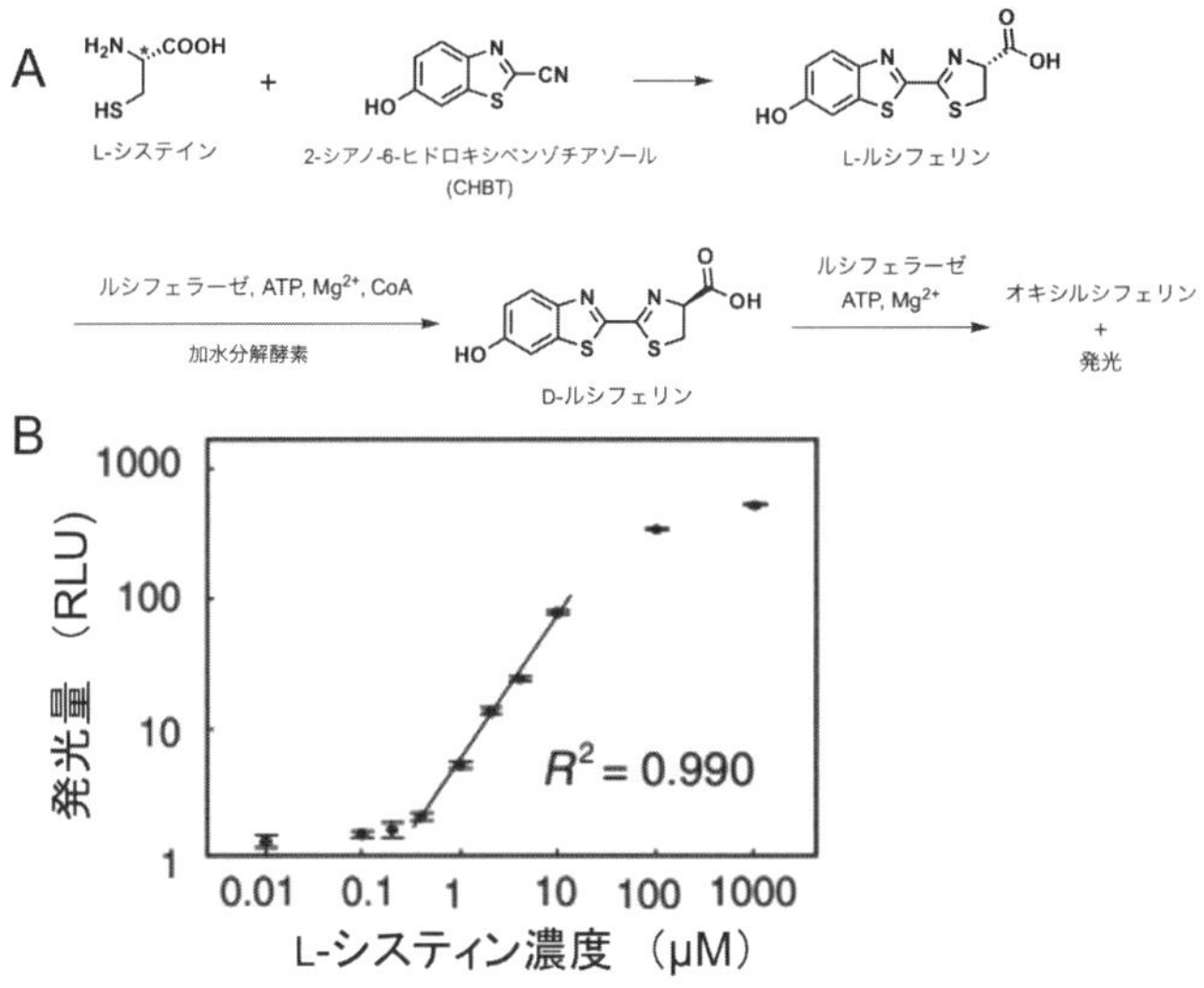


Niwa K *et al.: Anal Biochem.* 396, 316-8, 2010
の図を一部改変

ホタルの発光を利用しシステイン量を定量。ホタルルシフェリンの生合成の一部を模倣することでシステイン量が定量できる。

## 残留農薬を測定

まだまだ多くの国で有機リン酸系の農薬が使われています。これらの農薬は農産物に付着したり、土壌を汚染したり、さらには流れ出すことで水質を汚染することにもあります。有機リン酸系の農薬の1つパラチオンは殺虫剤やダニの駆除剤として市販されています。この構造をよく見ると、8-キノンとの類似性に気づきます。例えば、土壌に存在する細菌が有機リン酸系農薬を分解する酵素、パラチオン加水分解酵素（Opd）を加えれば、パラチオンはフェノール系化合物になります。さらに、モノオキシゲナーゼ（例えばHadA）という酵素と反応させることで、システインと反応して、最終的にホタルルシフェリンアナログが生成します。つまり酵素反応のみでパラチオンからホタルルシフェリンアナログは生合成できます。その後、この合成されたルシフェリンアナログとホタルルシフェラーゼを反応させると発光によりパラチオンを定量できるのです（図2-28）。

同様に、有機リン酸系の農薬を酵素的に化学変化させることで発光により定量できます。面白いことに、発光色はできた生成物によって異なりますので、発光色により農薬の種類も大まかに確認できます。これらの反応により、液体クロマトグラフィー等で分析される感度と同等、あるいはそれ以上の微量の農薬が検出できます。今後、簡易な残留農薬検出法としての活用が期待されています。一方、この反応によって生まれるホタルルシフェリンには化学合成が難しいルシフェリンアナログも含まれます。

## 新しいホタルルシフェリンアナログは何をもたらすのか？

ホタルルシフェリンは化学的に合成することができ、多くの研究者が化学合成でホタルルシフェリン、そのアナログを合成します。そのよい例が近赤外光を生み出すルシフェリン群です。

●図2-28

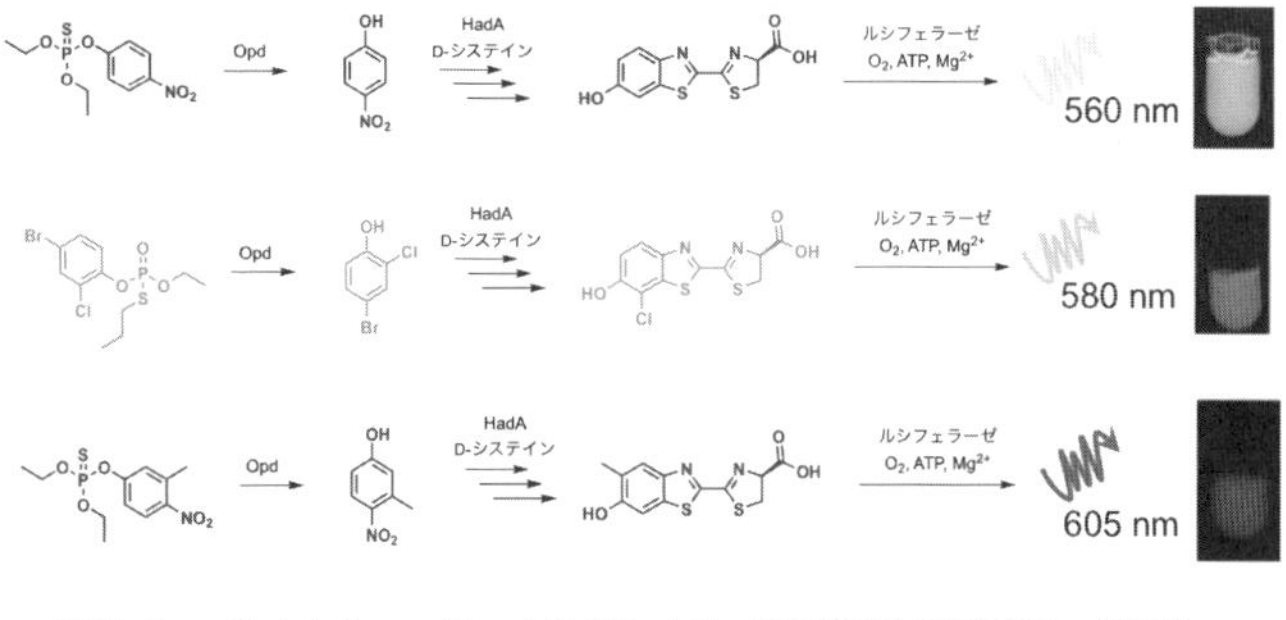


Watthaisong P *et al.*: *Angew Chem Int Ed Engl.* 61, e202116908, 2022の図を一部改変

ホタルの発光を利用した農薬検出。有機リン酸系農薬パラチオンを加水分解酵素により変換しフェノール系化合物とし、モノオキシゲナーゼ酵素と反応させ、さらにシステインと反応させホタルルシフェリンアナログを合成し、ルシフェラーゼと反応させ、発光量でパラチオンを定量する。

しかし、農薬を検出した系をみれば、多様なフェノール系化合物を原材料とすると、多様なホタルルシフェリン群が化学合成ではなく、生合成もできます(図2-29)。その中には化学合成では、できにくい化合物も含まれています。また、近赤外を発光するものもあります。化学合成は有機溶媒や熱反応が伴う、自然にやさしくない一面を持っています。ルシフェリンを生化学的に合成することで、SDGsに配慮されたより自然に近い「冷光」を作ることができます。今後、化学合成に頼らない、生体により近い形でルシフェリンを作ることで、新たな応用の世界が展開されることが期待されています。

この章では、代表的な「冷光」の1つホタルの発光系の仕組み、その応用展開について多くの図を含めて紹介しました。さらに展開するには更なるホタル発光系の基礎学問の蓄積が必要でしょう。まだまだ、新たな応用展開が可能でしょう。

●図2-29

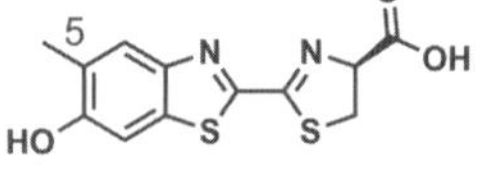

Watthaisong P *et al.*: *Angew Chem Int Ed Engl.* 61, e202116908, 2022の図を一部改変

化学合成に頼らないルシフェリン、そのアナログの生合成。ホタルルシフェリンの生合成過程を利用したルシフェリン及びそのアナログを合成する。

# Chapter. 3
# 世界でもっとも多様なクラゲの光

SECTION 14

# セレンテラジンを触媒する酵素はたくさん

光るクラゲといえば、２００８年ノーベル化学賞で脚光を浴びたオワンクラゲが有名です。水族館でも緑色に発光するオワンクラゲを観察できますが、その仕組みはユニークでイクオリンと緑色蛍光タンパク質が生み出す光です。

イクオリンはフォトプロテインともいわれるもので、基質にあたるものがセレンテラジンです。セレンテラジンはオワンクラゲだけでなくウミシイタケや発光エビなど、実に多種多様な海洋発光生物の基質になります。この章では、セレンテラジンの発光メカニズムとその応用研究について触れながら、謎に包まれたセレンテラジン発光の多様性と、そこから生まれる応用展開を紹介いたします。

## セレンテラジンを持つ生物は多種多様

生物発光の面白さをよく表しているのがセレンテラジンかもしれません。すべての海洋性発光生物の基質ルシフェリンの構造は明らかになっていませんが、最も多くの海洋性発光生物がセレンテラジンを基質としているのは間違いありません。セレンテラジンの発光にまつわる基礎研究の成果を紹介いたします。

セレンテラジンは食物連鎖の過程で、多くの海洋生物に広まったと考えられています。場合によっては発光しない海洋生物も持っています。セレンテラジンを自前で生合成することが確認された生物は甲殻類のカイアシ類やエビ類、そして有櫛動物のクシクラゲ類だけです。

深海生物の約8割は発光すると考えられていますが、そのほとんどはセレンテラジンを生合成できる海洋生物を捕食することで、発光能力を獲得していると考えられています。オワンクラゲも例外ではなく、自分でセレンテラジンを合成できません。一方、セレンテラジンの発光を触媒するタンパク質は多種多様な構造を持っており、その中には、どのような進化の偶然で生まれてきたのかは、よくわかっていないものが多いです。

## セレンテラジンの発見

下村脩らは、クラゲのフォトプロテインに含まれる発色団を研究し、セレンテラジンの酸化体セレンテラミドの構造を明らかにしました。その結果、下村が結晶化に成功したウミホタルルシフェリンに含まれるイミダアゾピラジノン構造に類似していることがわかり、1974年にセレンテラジンの化学構造が決定されました。その後、セレンテラジンはウミシイタケ(レニラ)、カイアシ類のコペポーダにも含まれることなどが次々と判明しました。よって、レニラルシフェリンと言われることもあります。

## セレンテラジンの発光メカニズム

セレンテラジンは第2章で述べたホタルルシフェリンと同じく、酸素と反応してジオキセタン構造を経て発光します(図3-1)。ホタルではジオキセタン構造を形成するためにATPを必要としますが、セレンテラジンは酸素分子と反応さえすれば、ジオキセタン構造が容易に形成されます。この特徴からルシフェラーゼなどの触媒となる酵素がなくても、有機溶媒（ジメチルスルホキシド、DMSOなど）中でも、溶液に溶け込んだ酸素（溶存酸素）と反応して発光します。この場合の反応を「セレンテラジンの化学発光」と言います。セレンテラジンの発光反応メカニズムは非常に簡単なもので、ホタルに比べて反応の活性化エネルギー（ルシフェリンを酸化させるためのエネルギー障壁）が低いため、容易に酸化します。これがセレンテラジンを基質とした生物発光が多様化した理由かもしれません。

## 発光クラゲは特別、フォトプロテインとは？

セレンテラジンの研究は、ヒドロ虫綱軟クラゲ目に属するオワンクラゲを対象に発展しました。下村はクラゲからフォトプロテインと緑色蛍光タンパク質（GFP）を精製しました。フォトプロテインとは、デュボアの定義したルシフェリン・ルシフェ

●図3-1

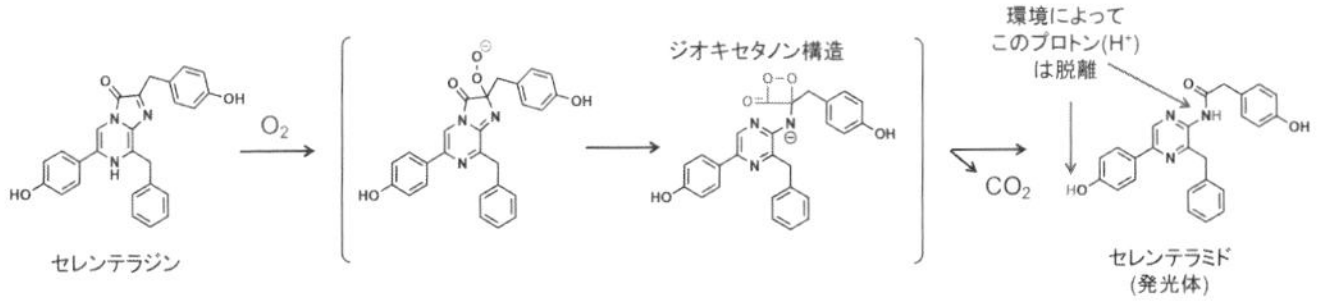


セレンテラジンの発光分子メカニズム。セレンテラジンはホタルルシフェリンと同様にジオキセタノン構造を介して発光体を形成する。

ラーゼでは説明がつかないことから、下村が命名したものです。一方、ハーバード大学のヘイスティグは「ルシフェリンが充電されたルシフェラーゼ」と表現しています。

オワンクラゲのフォトプロテインでは、カルシウムイオンがトリガーとなり分子内に予め結合した酸素によりセレンテラジンが酸化反応し、発光します。よって、真空下でもカルシウムイオンがあれば、発光することになります。フォトプロテインとルシフェラーゼの違いは、繰り返し発光反応に関与するかどうかの違いです。1章で述べた通り、酵素は化学反応を促進するもので、反応前後において酵素自身は変化しません。従ってルシフェラーゼは、1分子で多くのルシフェリン分子の発光反応を促進できる酵素ですが、フォトプロテインは、1分子で1分子のルシフェリンしか反応させることができません。オワンクラゲに含まれるフォトプロテインは、イクオリンと呼ばれていますが、これは発光クラゲの学術名が、イクオリア・ビクトリアであることから命名されたものです。

## イクオリンの中では何が起きている

イクオリンは発色団となるセレンテラジンとアポイクオリン(タンパク質部分)が1対1の組成で構成されています(図3-2)。そして、イクオリン中にはセレンテラジンと酸素分子が結合したヒドロペルオキシド体が発色団として保持されています。セレンテラジンは通常、ヒドロペルオキシド体になると速やかに発光しますが、イクオリンの場合は特定のチロシン残基の側鎖が水素結合(水素原子が仲介役となって隣接する分子を引き合う結合)を介してヒドロペルオキシド体を安定化、反応を止める仕組みになっているのです。よって、ルシフェリンが充電されたルシフェラーゼという表現も間違ってはいません。

●図3-2

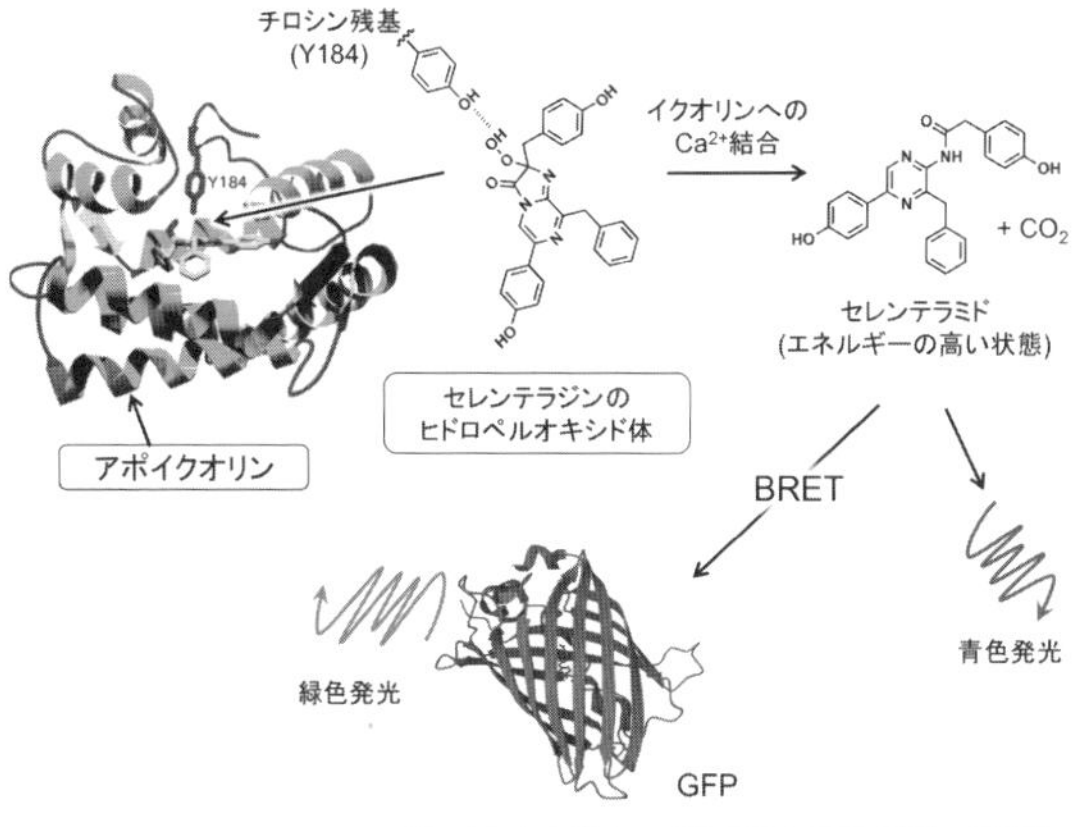


Head J *et al*.: *Nature*. 405, 372-6, 2000の図を一部改変

発光クラゲの発光様式。イクオリンはアポイクオリンとセレンテラジンのヒドロペルオキシド体で構成される。イクオリンにカルシウムイオンが結合するとセレンテラミドが生成、発光する。近傍にGFPが存在するとGFPが発光する。

反応自体はイクオリンの3つのカルシウムイオン結合部位（EFハンドモチーフというう）に少なくとも2つのカルシウムイオンが結合すると、イクオリンのタンパク質構造が変化し、水素結合の解消に伴い発光反応が進行するとされています。この発光反応で内在していたルシフェリンは最終的にセレンテラミドへと変換され、二酸化炭素と共に高いエネルギーが生まれます。オワンクラゲの場合は、このエネルギーが青色の光に変換される前に近傍に存在するGFPへと移動、結果的にGFP由来の緑色の発光が観察されるのです。このエネルギーの移動を生物発光共鳴エネルギー移動（BRET）と呼びます。

## セレンテラジンの多様なルシフェラーゼ

クラゲ以外でセレンテラジンを持つ海洋生物（ウミサボテン、ウミシイタケや発光エビなど）は、フォトプロテインが一般的ではなく、ホタルと同様のルシフェリン・ルシフェラーゼ反応です。セレンテラジンのルシフェラーゼは10種類ほどの生物から単離され、いくつかは遺伝子が特定されています。面白いことに、セレンテラジンのルシフェラーゼ遺伝子は生物種間、例えばカイアシ類とヒオドシエビでそのアミノ酸配列に相同性が見られないこともわかってきました。海洋生物たちは別々のタンパク質を分子進化させ、個々のルシフェラーゼを持ったようです。この多様性が生物発光研究の難しさであり、面白さでもあります。

最近、ワシントン大学のベイカーらによって、デノボ設計（計算科学で人工的に設計したアミノ酸配列を元にしたタンパク質）によって創製されたルシフェラーゼがウミシイタケのレニラルシフェラーゼ（RLuc）と同等の発光強度で光ることが報告されました。これは、セレンテラジンの発光反応を触媒するルシフェラーゼは従来のものと異なるものが、さらに見つかる可能性も示唆しています。よって、自然に存在するセレンテラジンのルシフェラーゼの多様性や人工的な酵素での発光反応を考えると、ルシフェラーゼによる発光反応には、必ずしも決まったアミノ酸配列が必要ではないのかもしれません。セレンテラジンを結合する構造と、そこに酸化反応できるアミノ酸配列が用意されれば、タンパク質の構造に限らず、セレンテラジンの酸化反応を触媒できるのでしょう。これが新しいセレンテラジンを利用した応用展開につながります。この応用展開は、本章の後半で紹介します。

## セレンテラジンの生合成

セレンテラジンは、3つのアミノ酸（2分子のチロシンと1分子のフェニルアラニン）から生合成されると考えられています。2009年、中部大学の大場らは重水素（水素の同位体）で標識したチロシンとフェニルアラニンをカイアシ類に餌として与えた結果、重水素標識されたセレンテラジンが合成されることを発見しました。重水素原子は、水素原子の約2倍の質量があるため、重水素標識されたセレンテラジンと無標識のセレンテラジンを区別できます。よって、質量分析法（物質を原子や分子レベルで微細にイオン化、その質量を測定する手法）で、カイアシが自前でセレンテラジンを生合成できることが証明されました。

2015年、フランシスらは3分子のアミノ酸がフェニルアラニン-チロシン-チロシン（FYY）の順番（配列）で発光クシクラゲ類のタンパク質に含まることをトランスクリプトーム解析（細胞や組織に含むRNAを網羅的に調べる手法）で見つけました。しかし、FYY配列とセレンテラジンの生合成の関係は明確でなく、セレンテラジンの生合成経路は依然としてわかっていません。

## ホタルイカのルシフェリンはセレンテラジンから？

富山湾の春の風物詩ともいわれるホタルイカは兵庫県の日本海側などでも採取されますが、その学名はワタセニア・シンチランと言います。ワタセニアとは日本人研究者の渡瀬庄三郎の名がその由来です。よって、ホタルイカのルシフェリンは、ワタセニアルシフェリンと呼ばれます。日本人にとっては最も入手可能な発光生物ですが、世界的には珍しく、世界の研究者が注目する研究対象です。

このワタセニアルシフェリンはセレンテラジンにスルホ基（$-OSO_3H$）を2つ修飾した化学構造で、眼、腕、皮膚の3つの発光器で見つかっています。面白いことに、発光器官でない肝臓には、ワタセニアルシフェリンに加えて、セレンテラジンが確認されています。このことから、肝臓でセレンテラジンをワタセニアルシフェリンに変換していると考えられています。原料となるセレンテラジンは、発光するカイアシ類などの食物連鎖から、あるいはセレンテラジンの分解物からホタルイカ体内で生合成しているという仮説がありますが、詳しいことはわかっていません。一方、大量に入手可能なホタルイカではありますが、多くの研究者が研究を進めたのにも関わらず、そのルシフェラーゼの精製が容易ではなく、その遺伝子構造の同定にも至っていません。よって、発光システムは謎だらけです。

## セレンテラジンの分解物から合成経路を考える

セレンテラジンは、フォトプロテインまたはルシフェラーゼによって酸化体セレンテラミドに変換されて発光します。しかし、その反応副生成物としてセレンテラミンができることが下村博士らによって確認されています(イクオリンの場合、10%の反応収率でセレンテラミンが生成)。

セレンテラミンはセレンテラジンを化学合成

●図3-3

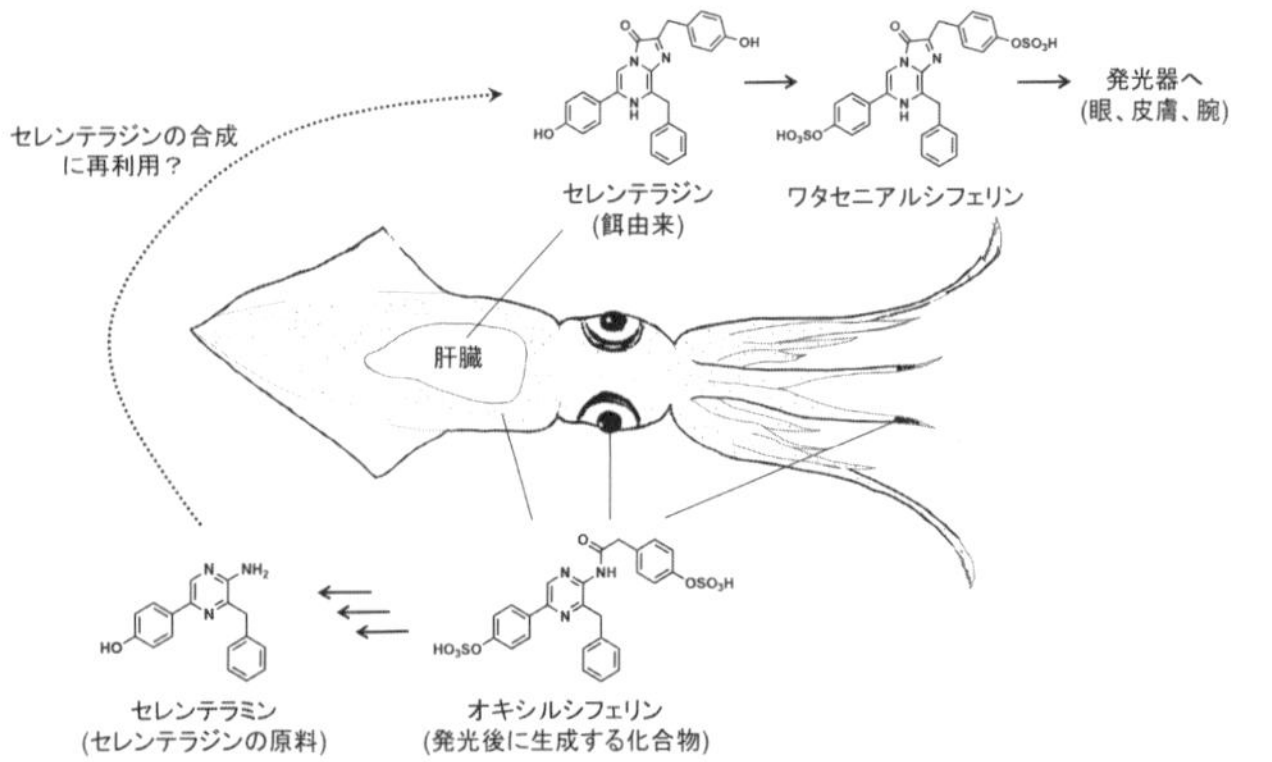


ホタルイカの発光メカニズムと予想されるルシフェリンの再生。肝臓でセレンテラジンはワタセニアルシフェリンに変換される。反応後のオキシルシフェリンはセレンテラミンに分解されて、セレンテラジンの合成に再利用されているかもしれない。

する際の原料となります。セレンテラミンとチロシンの代謝中間体(4-ヒドロキシフェニルピルビン酸)を有機溶媒中で加熱すると、セレンテラジンを1段階で合成できることもわかっています。これらの情報を考慮すると、ホタルイカの肝臓では、食物連鎖由来のセレンテラジンをスルホ化(硫酸化)して発光器に輸送する可能性が示唆されます(図3-3)。また、発光反応の副生成物(セレンテラミン)を発光器から回収、これとチロシンの代謝中間体を原料としたセレンテラジンの生合成、また硫酸化して発光器に輸送、という可能性も示唆され、セレンテラジンのリサイクルが起こっているという仮説も立てられます。しかし、これらを証明するにはまだまだ検証が必要です。

## セレンテラジンの光はなぜ青いのか?

セレンテラジンの化学構造を人工的に改変すると、天然の青色発光を黄色に変えることができます。しかし、場合によってセレンテラジンの化学構造の改変は水溶性(水への溶けやすさ)が著しく低下します。例えば、セレンテラジンにオレフィン(炭素二重結合)を付与しただけのv-セレンテラジンは黄色で発光できますが、水に溶けなくなります（図3-4）。発光色を青色から黄色、さらに赤色に変化させるには、v-セレンテラジンのようにルシフェリン化学構造のπ電子共役系（炭素二重結合と単結合が交互に繋がる部分でπ電子の移動範囲。発光特性を決める部分）を拡張すれば達成できますが、水溶性の低下が大きな問題となります。

海洋性の発光生物が用いるルシフェリンは、水に溶ける構造でなければ、光の煙幕も作れずに生存戦略が破綻するかもしれません。海洋発光生物の発光色は、中深海層に到達する光が青色であることから、生存戦略として青色に発光するようにルシフェリン構造を進化させたという仮説もあります。しかし、水に溶けるルシフェリンが生存戦略に優位であることも重要な点であり、水溶性の高いルシフェリンを使ったものが青く発光したとも考えられます。

●図3-4

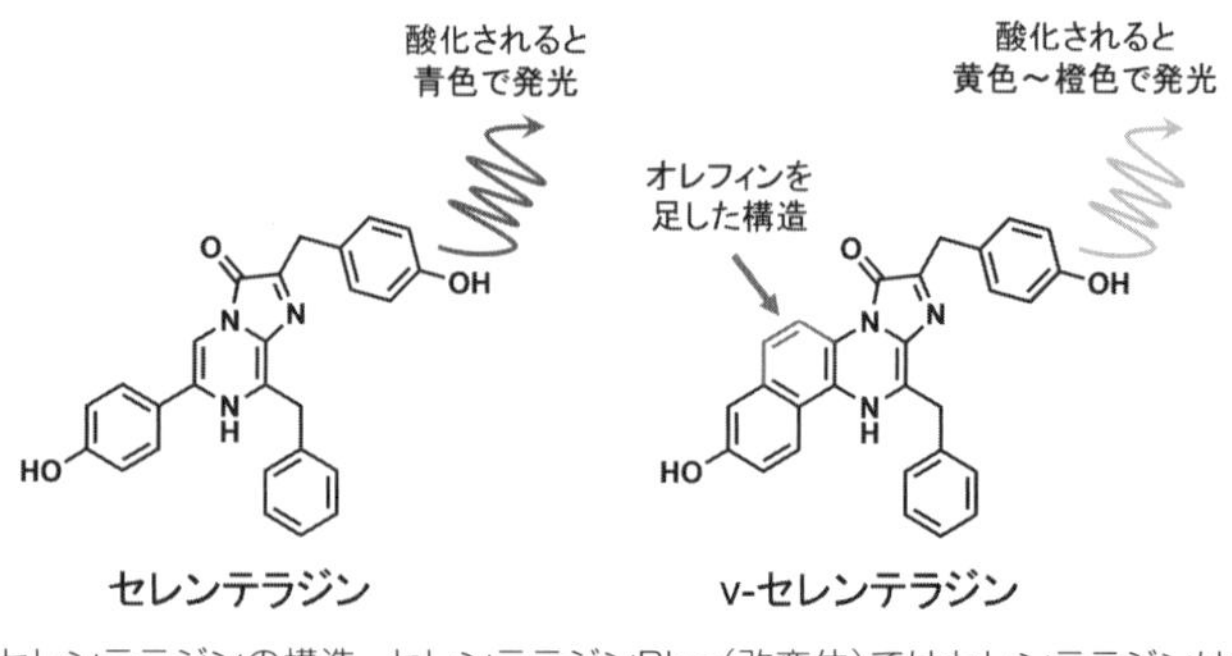


v-セレンテラジンの構造。セレンテラジンRluc（改変体）ではセレンテラジンは主に青色で発光するが、v-セレンテラジンは黄色～橙色で発光できる。

SECTION 15

# 多種多様なルシフェラーゼが細胞情報を可視化

セレンテラジンを基質とするルシフェラーゼ群は、ホタル系ルシフェラーゼ群よりも分子サイズが小さいため、標的分子の本来の機能を損なわずに可視化できる特性が注目されています。ホタルルシフェラーゼ（Fluc）の分子量は約6万2千ですが、セレンテラジンを基質に持つレニラルシフェラーゼ（Rluc）は約3万4千、ガウシアルシフェラーゼ（Gluc）なら約2万と小さいです。ここでは、イクオリンとセレンテラジン系ルシフェラーゼを用いた応用研究を紹介します。

## フォトプロテインが発光イメージング研究のさきがけ

細胞内カルシウムイオン（$Ca^{2+}$）の変動（数十nM〜サブmM）は、神経活動や筋収縮などの多様な生命活動に関わっています。現在、細胞内$Ca^{2+}$イメージングは蛍光イメージングによるものが主流です。1980年代にカリフォルニア大学サンディエゴ校チェン(GFPの研究で、2009年に下村と共にノーベル化学賞を受賞)が蛍光指示薬(fura-2, indo-1など)を開発、指示薬を細胞に振りかける簡易な方法で、細胞内カルシウムイオンの動態のイメージングが可能になりました。ただ歴史的には、細胞内$Ca^{2+}$イメージング研究は蛍光イメージングではなく、イクオリンによる発光イメージングから始まった研究です。

前述したようにイクオリンはカルシウムイオンが結合することで発光します。1967年オレゴン大学のリッジウェイらが、はじめてイクオリンによる細胞内$Ca^{2+}$検出を報告しました。彼らは、フジツボ筋繊維にイクオリンを直接注入することで(イクオリンは無毒)、筋の動きに伴う$Ca^{2+}$濃度の変化を記録しました。1985年、井上らやプラッシャーらは同時期にイクオリン遺伝子をクローニングし、細胞内の狙った場所にイクオリンを発現、$Ca^{2+}$濃度を低侵襲に測定できるようになりました。さらに、$Ca^{2+}$濃度の高い小胞体等ではイクオリンが速やかに消費されるため、イクオリンのEFハンドモチーフ内のアミノ酸残基に変異を導入、$Ca^{2+}$との親和性を下げることで、高い$Ca^{2+}$濃度環境下でも測定できるイクオリン改変体も作成されました。

余談になりますが、細胞内カルシウムイオンの蛍光指示薬を作ったチェンは、細胞に外部から指示薬を加えることに不満を持っていました。なぜなら、外から無理やり蛍光指示薬を加えることによる細胞に対する負荷を考えてのことです。チェンは蛍光タンパク質でカルシウムイオンをイメージングする研究を理研の宮脇らと進めましたが、遺伝子を導入することで、より自然な状況で細胞内カルシウムイオンの変動をみたかったからです。

## ルシフェラーゼ遺伝子によるレポータ遺伝子発現解析

天然のセレンテラジン系ルシフェラーゼの細胞応用は、発光サンゴ由来ウミシイタケのレニララルシフェラーゼ（Rluc）とカイアシ類由来ガウシアルシフェラーゼ（Gluc）が主に使用されました。これらは比較的早い時期にクローニングされたためです（1991年にRluc、2002年にGluc）。これらルシフェラーゼは動物細胞での発現が確認されると、当初は主にレポータアッセイ（第2章参照）に応用されていました。

Rlucは非分泌型（発現後も細胞内に留まる）ルシフェラーゼであるので、同じく非分泌型ホタルルシフェラーゼFlucと併用することで、生きた細胞及び動物個体内で異なる遺伝子の発現を同時にモニターすることが可能になりました。これが、いわゆる初期のデュアルレポーターアッセイといわれるものです。

一方、Glucは分泌型ルシフェラーゼ(細胞外分泌ペプチドが付いたルシフェラーゼ)で、細胞発現すると培地中に分泌されてしまいます。分泌されたGluc活性を測定することで、細胞を破砕することなく遺伝子発量をモニターできる利点があります。さらに、第4章で紹介するウミホタルルシフェラーゼ遺伝子を併用したデュアルレポータアッセイでは、細胞外で細胞内の2つの遺伝子情報変化を知ることができます。

## 改良型ルシフェラーゼで生体内のガン細胞を視る

ホタルの発光でも紹介しましたが、ルシフェラーゼにアミノ酸残基を変異させることで、ルシフェラーゼの安定性、発光強度と発光色を変化させることができます。Rlucのマウス血清中の半減期(酵素活性が半分になる時間で安定性の指標)は30分から1時間ですが、2007年スタンフォード大学ガンビルが開発したRluc8(8個のアミノ酸変異を導入）は天然よりも200倍以上も血清中で安定的に存在でき、発光強度も4倍向上しました（図3-5）。

さらに6つのアミノ酸変異を導入したRluc8.6は発光色が青色から緑色へと変化します（最大発光波長535～547nm）。緑色の光は、青色より水や酸化ヘモグロビンに吸収されにくく、少しだけ生体組織透過性も向上したので、Rluc8.6はルシフェラーゼ標識したガン細胞の生体内イメージングを可能にしました。発光色はセレンテラジンの酸化体（セレンテラミド）の励起状態に依存することから、アミノ酸変異導入に伴う反応場の微小環境変化が影響をあたえたと考えられています。

●図3-5

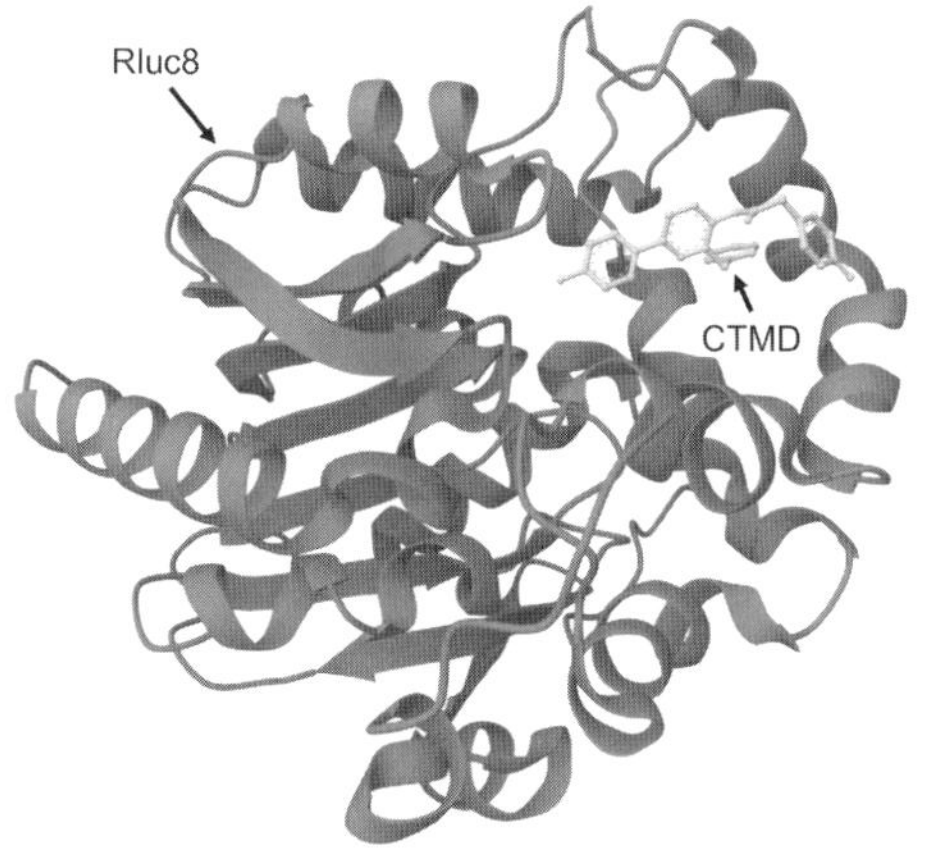


Rluc8とセレンテラジン酸化体セレンテラミド（CTMD）との共結晶構造（PDB:2PSJ）を示す。

## より小さくて明るいルシフェラーゼの開発

深海エビであるヒオドシエビ由来のルシフェラーゼ（Oluc）は、セレンテラジンを基質とする分子量約1万9千と分子量約3万5千の2つのタンパク質から成りますが、2007年に発光反応を直接触媒するのが小さい方のタンパク質だと判明、19kOLaseと命名されました。当時、19kOLaseはセレンテラジン系ルシフェラーゼの中で最も小さかったですが、安定性が非常に低く、細胞内での発現効率も悪いことが課題でした。

2012年、米国プロメガ社のホールらは19kOLaseに全体の約10％ものアミノ酸残基にあたる16箇所のアミノ酸変異を導入したナノルシフェラーゼ（Nluc）を発表しました。Nlucは安定性も高

●図3-6

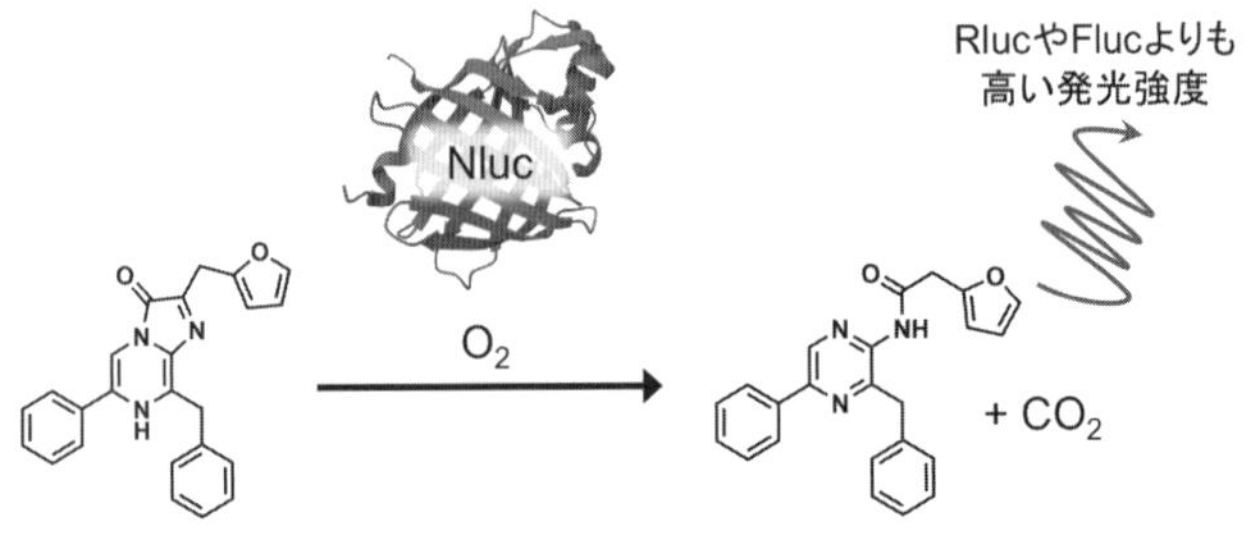


フリマジンとNluc（PDB:7SNS）の構造と化学反応を示す。

く、セレンテラジンを基質にした場合、190Laseのおよそ8万倍もの高い発光強度を示しました。さらにNlucにより適した基質フリマジンも開発され、より高い発光強度となり、Nlucは最も小さく明るいルシフェラーゼとして使用されるようになりました(図3-6)。

2022年、島津製作所の大室らによって世界最小ルシフェラーゼ(分子量約1万3千)として、ピカルック(picALuc)が開発されました。カイアシ類由来のルシフェラーゼをベースに開発されたもので、小さいながらもNlucと同等の発光強度を持ちます。小さく明るいルシフェラーゼは、小さいがゆえに人工的な影響をなるべく低減して発光を観察できる有力なイメージングプローブとして、今後活躍するでしょう。

## スプリットアッセイで相互作用を視る

ルシフェラーゼを分割(スプリット)して断片化すると、発光機能が一時的に失われますが、この断片が近接及び結合してルシフェラーゼが再構成されると発光機能が回復します。この仕組みを利用すると、タンパク質間の相互作用を可視化できます。これをスプリットアッセイといいます（図3-7）。

細胞内ではタンパク質が相互に結合することで情報が伝達され、生理機能が発揮されますが、これをタンパク質間相互作用といいます。例えば、Gタンパク質共役型受容体（GPCRは総称）は、細胞外刺激を細胞内に伝達する膜受容体で、視覚や嗅覚機能に大きく関与します。同一のGPCRでも、細胞外刺激（リガンド）の種によって、伝達経路（相互作用するタンパク質の種類や下流のシグナル伝達）が違います。ある種の薬剤刺激が、どの伝達経路をたどるかを探るため、GPCRにルシフェラーゼ断片を、標的となる細胞内タンパク質（βアレスチンなど）にもう一方のルシフェラーゼ断片を連結します。仮にルシフェラーゼが再構成され、発光シグナルが得られれば、GPCRの情報が標的に伝わった

●図3-7

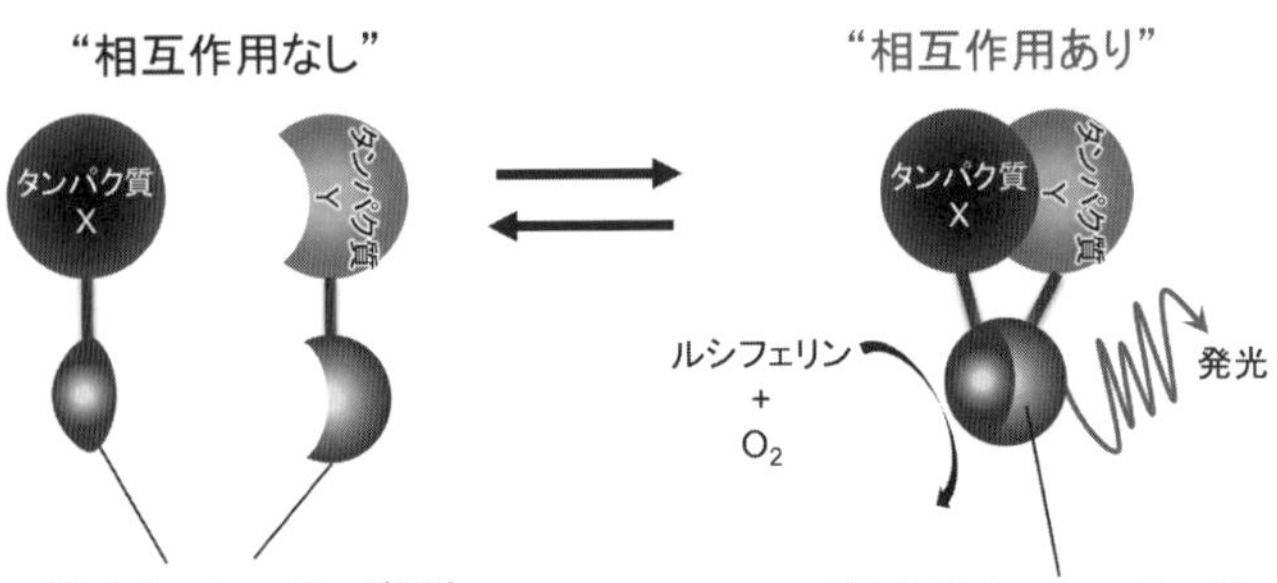


スプリットアッセイの概要図。標的とするタンパク質同士で相互作用すると、ルシフェラーゼが再構成されて発光する。

ことになります。

FDA(米国食品医薬局)の承認薬の34%はヒトGPCRを標的としていると言われています。よって、GPCRを対象とした創薬研究は極めて重要であり、スプリットアッセイは有用な解析方法の1つです。その他にも、ヒトの細胞内ではおよそ30万種類以上のタンパク質間相互作用が存在すると予測されていますので、スプリットアッセイによる各相互作用の生理的意義の解明と創薬研究への貢献が期待されます。

## ウイルスと細胞の相互作用を検知

2019年にパンデミックを引き起こした新型コロナウイルスSARS-CoV-2もタンパク質間の相互作用により細胞に感染します。SARS-CoV-2はウイルス粒子表面にスパイクタンパク質(粒子表面の棒状またはこんぼう状の突起部分)を持ち、宿主細胞表面に存在する膜タンパク質のアンジオテンシン変換酵素(ACE2)に結合することで、細胞に侵入します。

スパイクタンパク質とACE2に、再構成されるルシフェラーゼ断片をそれぞれに標識すれば、タンパク質間相互作用が起こるときに発光します。この手法によって、ウイルスの細胞感染を発光で検出することも可能です。一方で、この相互作用を阻害する薬が共存すれば、発光しなくなるので、発光シグナルの有無で、SARS-CoV-2感染予防に有効な薬剤候補を見つけることができます。今後、抗ウイルス薬開発への貢献も期待できるでしょう。

SECTION 16

# 蛍光タンパク質との相性を利用

セレンテラジン系ルシフェラーゼの場合、タンパク質のアミノ酸残基を変えることで発光色を青色から緑色に変えられても、赤色に変えることは困難です。一方、生体内応用に有利な光は近赤外領域（６００〜９００ｎｍ）ですので、赤色発光を生み出すには別のアプローチが必要です。自然界では、オワンクラゲやウミシイタケは発光エネルギーを近傍に存在する蛍光タンパク質に移動させることで緑色に発光します。この現象を模倣して、フォトプロテインやルシフェラーゼが生み出す光エネルギーで他の蛍光タンパク質を発光させれば、発光色を多彩にすることができます。

## エネルギー移動とは?

オワンクラゲで観察できるエネルギー移動現象は、フェルスター共鳴エネルギー移動（Forster resonance energy transfer：FRET）で説明できます。これは１９４０年代、ドイツの物理化学者フェルスターによって公式化されたことから名付けられました。ＦＲＥＴのＦには蛍光を意味するFluorescenceがあてられることもあり、蛍光イメージングによく利用されています。ＦＲＥＴは、２つの蛍光分子が近接した場合、１つの蛍光分子から他方の蛍光分子にエネルギーが移動することを指します。その移動効率は２つの蛍光分子のスペクトルの重なりの大きさ（エネルギー供与分子の蛍光波長とエネルギー受容分子の吸収波長の重なり）、分子間の距離（およそ１０ｎｍ未満）と、双方の向きに依存します。

生物発光の場合は、エネルギーを与える分子がフォトプロテインまたはルシフェラーゼなどの生物発光（Bioluminescence）分子であることから、ＦＲＥＴではなく、Bioluminescence resonance energy transfer、略してＢＲＥＴと呼ばれます。

## 色変化だけではなく発光量も増強

ＢＲＥＴは、発光色を変えるだけではありません。発光量を増加させることもできます。１９６７年、Rluc単体の発光量子収率（明るさの指標）は０・05ですが、RlucとウミシイタケのGFP（rGFP）を混ぜると、発光量が５・７倍も増加、見かけ上の発光量子収率は０・３になることが報告されています（図３-８）。

エネルギー受容体rGFPの蛍光量子収率は０・３なので、見かけ上１００％の効率でエネルギー移動が起きていることになります。エネルギー移動の効率は分子間距離などの様々な因子に影響されますが、RlucとrGFPは互いに良く近接する性質があるので、試験管内でも高効率なＢＲＥＴ現象を再現できたと考えられます。

ＢＲＥＴ系の最終的な発光量は、エネルギー受容体である蛍光タン

●図3-8

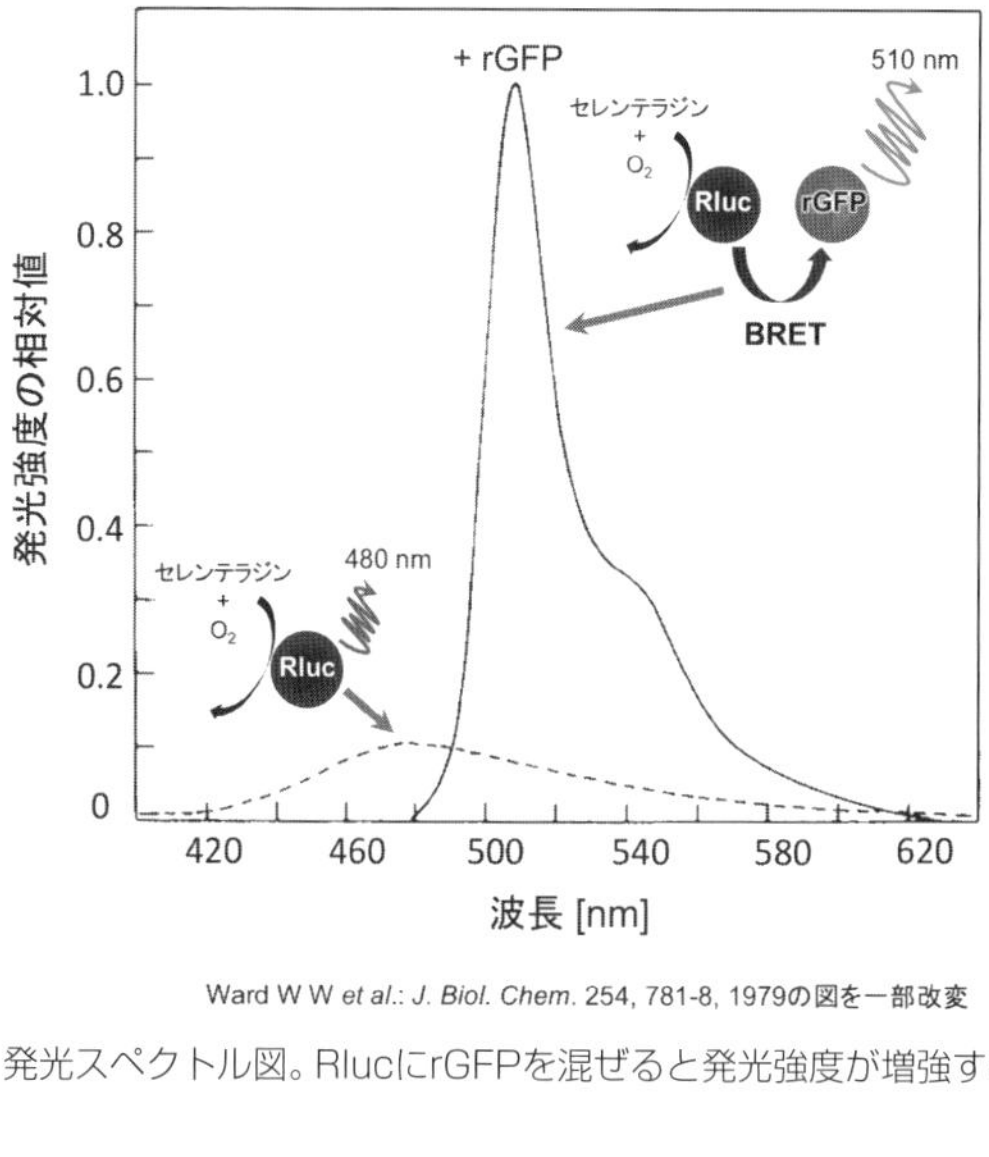


Ward W W *et al.*: *J. Biol. Chem.* 254, 781-8, 1979の図を一部改変

発光スペクトル図。RlucにrGFPを混ぜると発光強度が増強する。

パク質の蛍光量子収率によって大きく左右されます。

## 多彩な発光色と1細胞モニタリング

rGFPとRlucは稀な例で、他の発光系、例えばイクオリンとGFPは混ぜただけでは近接しません。オワンクラゲ内では、イクオリンに対して高濃度のGFPを与えることでBRETを起こすと考えられています。そこで、イクオリンやルシフェラーゼに直接蛍光タンパク質を融合したBRET型タンパク質が人工的に合成されるようになりました。2000年にイクオリンとGFPから成る、最初のBRET型タンパク質が発表されました。これは、イクオリン単体よりも最大で65倍発光強度が高いので、イクオリン単体では不可能だった細胞内の$Ca^{2+}$濃度変動を、1細胞レベルでイメージングすること

●図3-9

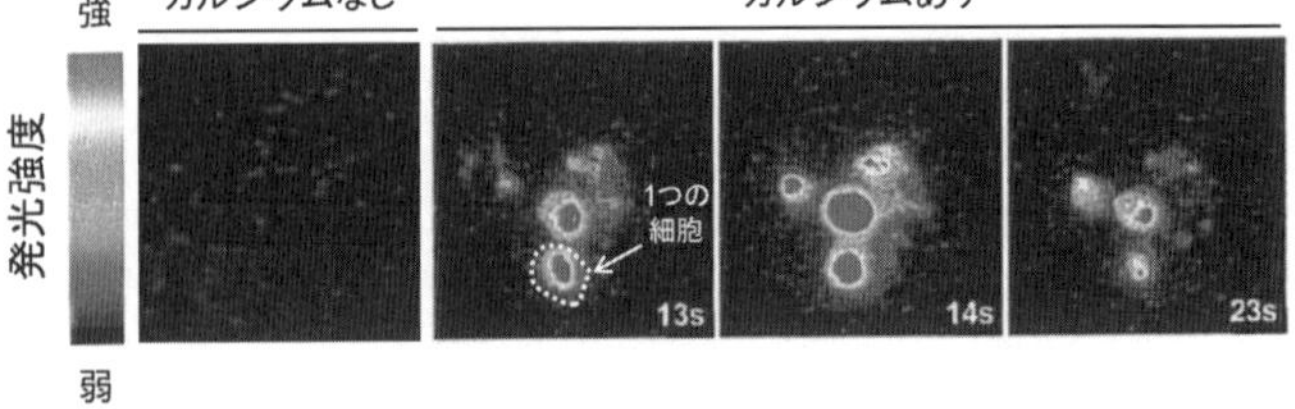


Baubet V *et al.*: *PNAS*. 97, 7260-5, 2000の図を一部改変

BRET型イクオリンによるカルシウムイオンイメージング。BRET型イクオリンを発現したマウス神経芽細胞腫由来の細胞株（Neuro2A cells）のカルシウムイオンイメージングを1秒間の露光時間で撮影した。

が可能になりました(図3-9)。

2007年には、RlucにGFPを結合したBRET型タンパク質(BAF-Y)、2012年にはRluc8と黄色蛍光タンパク質YFPのBRET型タンパク質(ナノランタン)も開発されると、自由に動くマウス体内のガン組織を動画撮影することも可能になりました。

## BRET型タンパク質を多様にデザイン

BRET型タンパク質は、発光タンパク質(フォトプロティン及びルシフェラーゼ)と蛍光タンパク質が物理的に近接している場合は蛍光タンパク質由来の発光を、距離が離れると発光タンパク質由来の発光を放ちます。このように両者の距離によって、発光色が変化することが特徴です。したがって両者の間に、標的分子に応答して立体構造が変化するタンパク質の一部あるいは全部を挿入すると、標的分子の結合に応じて発光タンパク質間の距離が変化するため、結果として2色の発光強度比が変わります。

Nlucと蛍光タンパク質Venusを繋ぐリンカー部分に、カルシウム結合タンパク質の1つトロポニンCの配列を挿入したBRET型タンパク質(CalfluxVTN)は、$Ca^{2+}$結合によって、トロポニンC構造の変化でBRETが誘起し、青色と黄色の発光の強度比が変化しますので、細胞内の$Ca^{2+}$濃度変動を可視化できます(図3-10)。生物発光は基質の消費により発光強度自体は経時的に落ちますが、2波長の強度比であるなら、安定な関係を示すので長期間に渡りカルシウムイオンの変動を計測できます。同様の手法で、膜感受性ドメイン(機能を発現するペプチド

●図3-10

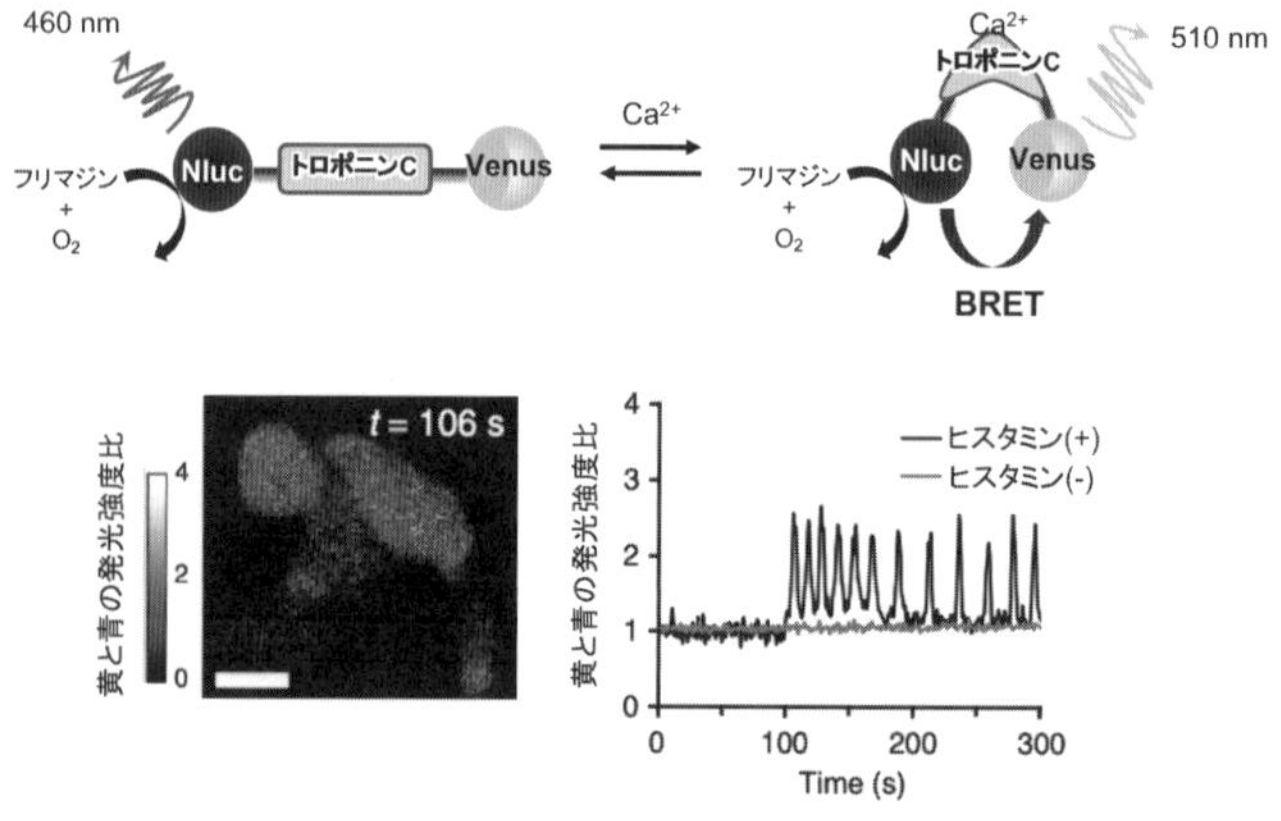


Yang J *et al.*: *Nat Commun*. 7, 13268, 2016の図を一部改変

トロポニン配列を導入したBRET型ルシフェラーゼによるカルシウムイメージング。トロポニンCにカルシウムが結合するとBRETが生じて、青色から黄色に色が変化する。ヒスタミン刺激で誘発した細胞内カルシウム濃度変動をBRETの比で観察できる。

鎖部分)をリンカー部分に導入すれば、神経細胞の膜電位変動(脳での情報伝達を担う仕組み)をモニターできるなど、BRET型タンパク質はそのデザイン次第で、様々な生体分子や生命現象を可視化できます。

## 明るいからこそできるBRET型タンパク質の応用例

Nlucは発光強度が高いので、スマートフォンでも数秒の露光時間で発光撮影が可能です。オランダのアイントホーフェン工科大学のメルクスらは、抗体を検出するBRET型タンパク質センサーLUMABS(LUMinescent AntiBody Sensor)を開発しました。このセンサーは、BRET型タンパク質のリンカー部分に抗体を認識するエピトープ配列が含まれていて、ここに標的抗体が結合すると、BRETが解消され、蛍光タンパク質由来の緑色からNluc由来の青色発光に変色する仕組みです。この仕組み(2波長の強度比)で、血漿中のHIV、インフルエンザ、デングウイルス-1のマーカー抗体の量をスマートフォンの撮影で測定できるようになりました(図3-11)。エピトープのアミノ酸配列を変更すると、別の抗体、例えば抗体医薬品にも適用できます。抗体医薬品の投与量は、体格により規定されていますが、血中の薬剤半減期は患者ごとに異なるため、より有効な治療を行うためには定期的な血中抗体医薬品濃度の測定が必要です。そこで、メルクスらは血中の抗腫瘍抗体医薬品（トラスツズマブやセツキシマブ）を検出するLUMABSを開発しました。また紙を材料とする分析チップ（μPAD）にLUMABSを用いると、チップに30μLの全血を垂らしスマートフォン撮影するだけで標的抗体を検出できるようにもなりました。妊娠検査薬のように簡易に測定できるBRET型タンパク質技術は、感染症抗体検査や血中抗体医薬品検出の有用な手法として、今後、臨床現場即時検査の現場への応用展開が期待できます。

●図3-11

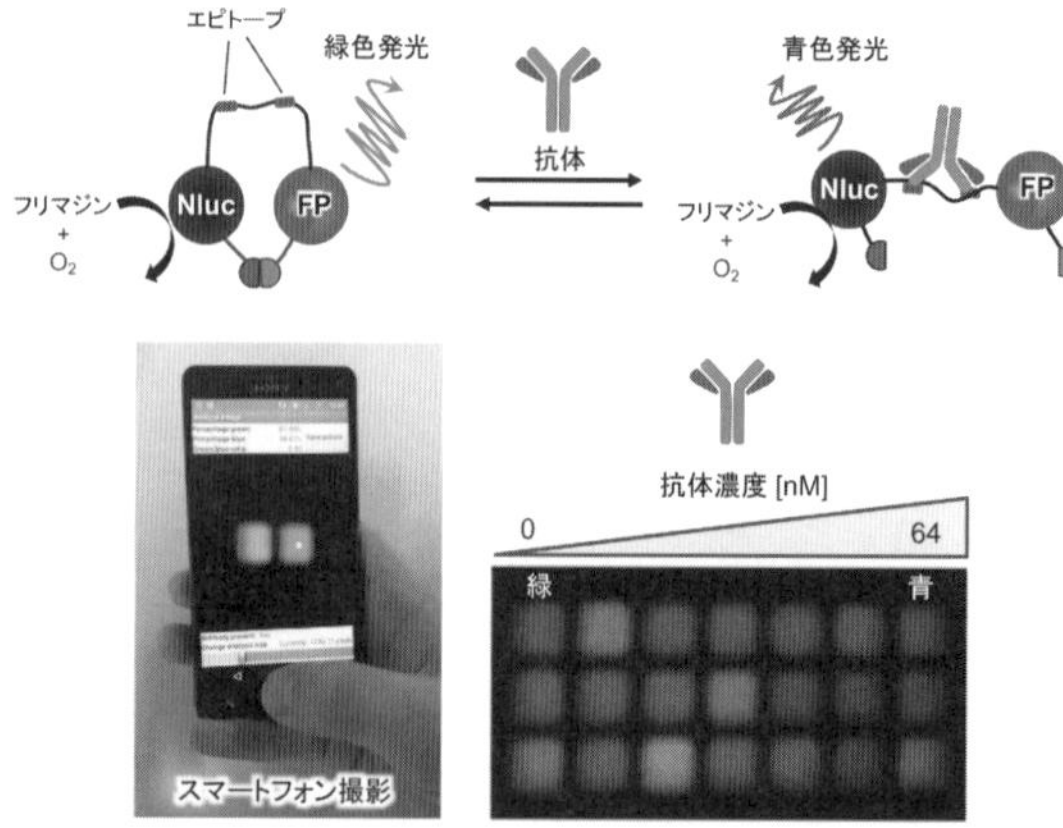


Ars R *et al.*: *Anal Chem*. 88, 4525-32, 2016の図を一部改変

BRET型ルシフェラーゼによる抗体検出。抗体結合に伴う緑色から青色の色変化をスマートフォンで撮影すると、抗体濃度を測定できる。

SECTION 17

# セレンテラジンアナログを利用

生物発光研究は、有機化学研究とともに発展してきました。2010年にノーベル化学賞の対象となった鈴木・宮浦カップリング反応や根岸カップリング反応のおかげで、セレンテラジンだけでなく、その化学構造を変えたセレンテラジンアナログの自在な分子設計が可能となり、しかも高い収率で化学合成できるようになりました。ここでは、ルシフェラーゼ応用展開だけでは成し得ない、セレンテラジンアナログだからこそ可能になった例を紹介します。

## セレンテラジンアナログを設計

セレンテラジンはイミダゾピラジノン環という分子構造を維持していれば、発光します。2010年ノーベル化学賞の対象となった鈴木・宮浦カップリング反応と根岸カップリング反応（いずれも2つの化合物を結合させる反応）は、このイミダゾピラジノン環へのさまざまな化学構造の官能基導入を可能にする画期的な有機化学反応で、セレンテラジンアナログの開発には欠かせません。セレンテラジンアナログの開発では、レニラルシフェラーゼ（RLuc）やナノルシフェラーゼ（NLuc）などの酵素を対象に発展してきました。これは、これらのルシフェラーゼが比較的どの化学構造のアナログも触媒できるためです。実際にRLuc変異体（RLuc8）の活性部位（基質が結合して化学反応が起きる部位）は、2つまたはそれ以上の基質を受け入れる大きな空間であることが、X線結晶構造解析で明らかになっています。第4章で紹介するウミホタルルシフェラーゼ（CLuc）は、同じくイミダゾピラジノン環を含有するルシフェリンを触媒しますが極めて高い反応特異性を持ちます。CLucの活性部位は、ウミホタルルシフェリンだけを認識する、非常に限られた空間なのでしょう。

## 目的に応じて発光色を変える

タンパク質間相互作用を青色（４８０ｎｍ）と緑色（５３０ｎｍ）の2色発光で検出す

るBRET系では、青色と緑色の発光シグナルが重なるため(2色の最大発光波長差はわずか50 nm)、タンパク質間相互作用を高い精度で解析することは困難でした。一方、セレンテラジンの水酸基を除いたセレンテラジンアナログ(DeepBlueC)の最大発光波長は400nmで、緑色蛍光タンパク質GFPの最大発光波長(510nm)とは110nmも差があります。互いに極力重ならないこの2波長の光を使ったBRET系で、多様なタンパク質間相互作用解析が可能になりました(図3-12)。

### ●図3-12

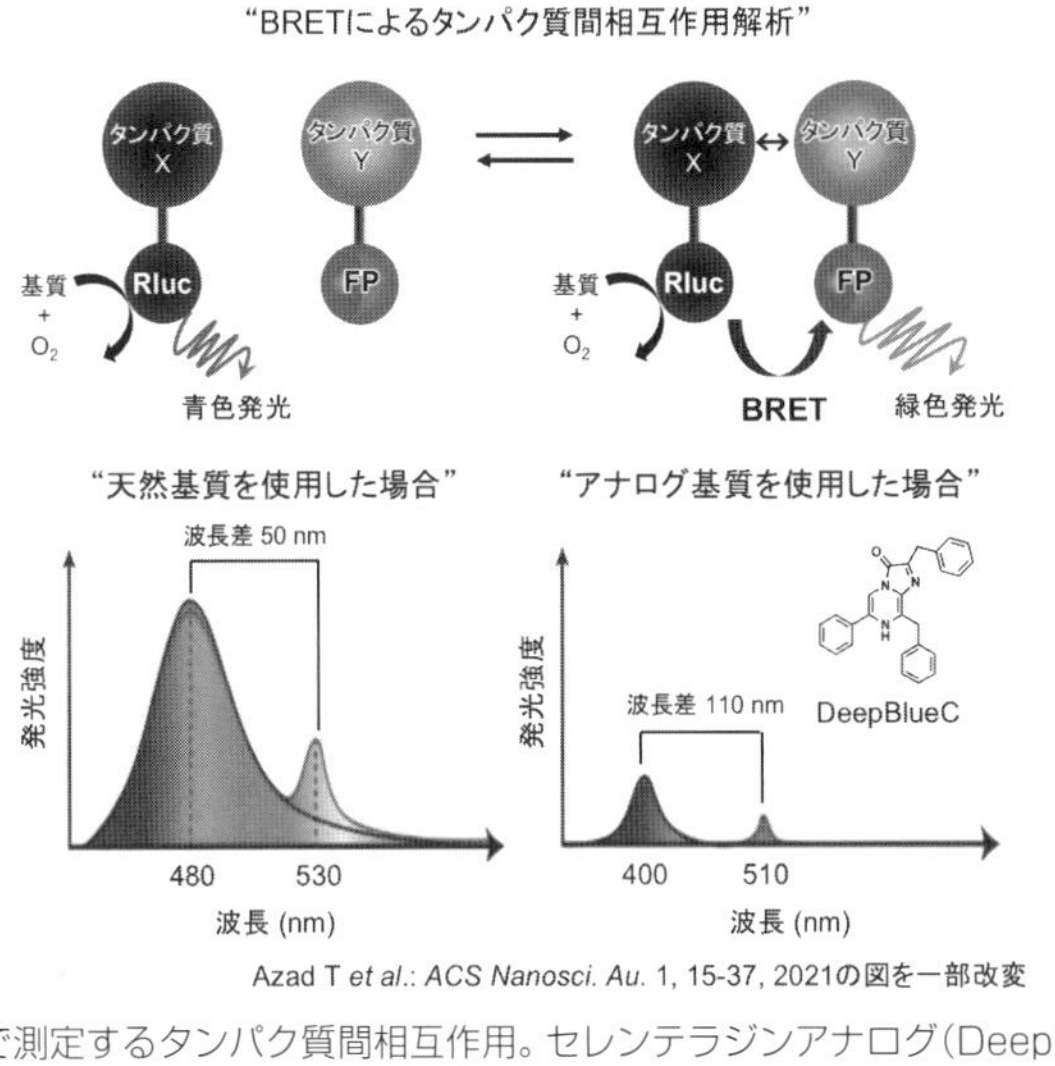


Azad T *et al.*: *ACS Nanosci. Au.* 1, 15-37, 2021の図を一部改変

BRETで測定するタンパク質間相互作用。セレンテラジンアナログ(DeepBlueC)の青色発光は、緑色蛍光タンパク質(図中FP)の緑色発光に干渉しない。2色でタンパク質間相互作用の有無を高精度に視ることができる。

## 近赤外領域で明るく発光させる

一般的に酵素反応における基質構造の改変は反応効率が低下する傾向にあります。DeepBlueCも例外ではありません。DeepBlueCはわずかな基質構造改変ですが、その発光強度はセレンテラジンの約100分の1程度と低く、発光イメージング応用には不向きです。西原らはRlucによる酵素認識を妨げずに、セレンテラジン構造を改変できる部位（セレンテラジンの6位炭素につく官能基）を発見しました。この部位を中心に構造を変えていくと、400nm付近でDeepBlueCの約34倍の発光強度を示すアナログも開発できました（図3-13）。このセレンテラジンアナログとRluc改変体による400nm付近の発光は、近赤外蛍光タンパク質iRFPに対するBRETのエネルギー供与体としても有用です。Rluc改変体とiRFP（近赤外蛍光タンパク質）を融合したBRET型タンパク質を作成すると、近赤外領域の光（717nm）が確認されました。第4章でも紹介しますが、近赤外領域の光は「生体の窓」ともいわれ、水や酸化ヘモグロビンに吸収されにくく生体組織をよく透過する光であるので、マウス生体深部の腫瘍を発光イメージングすることが可能になります。

●図3-13

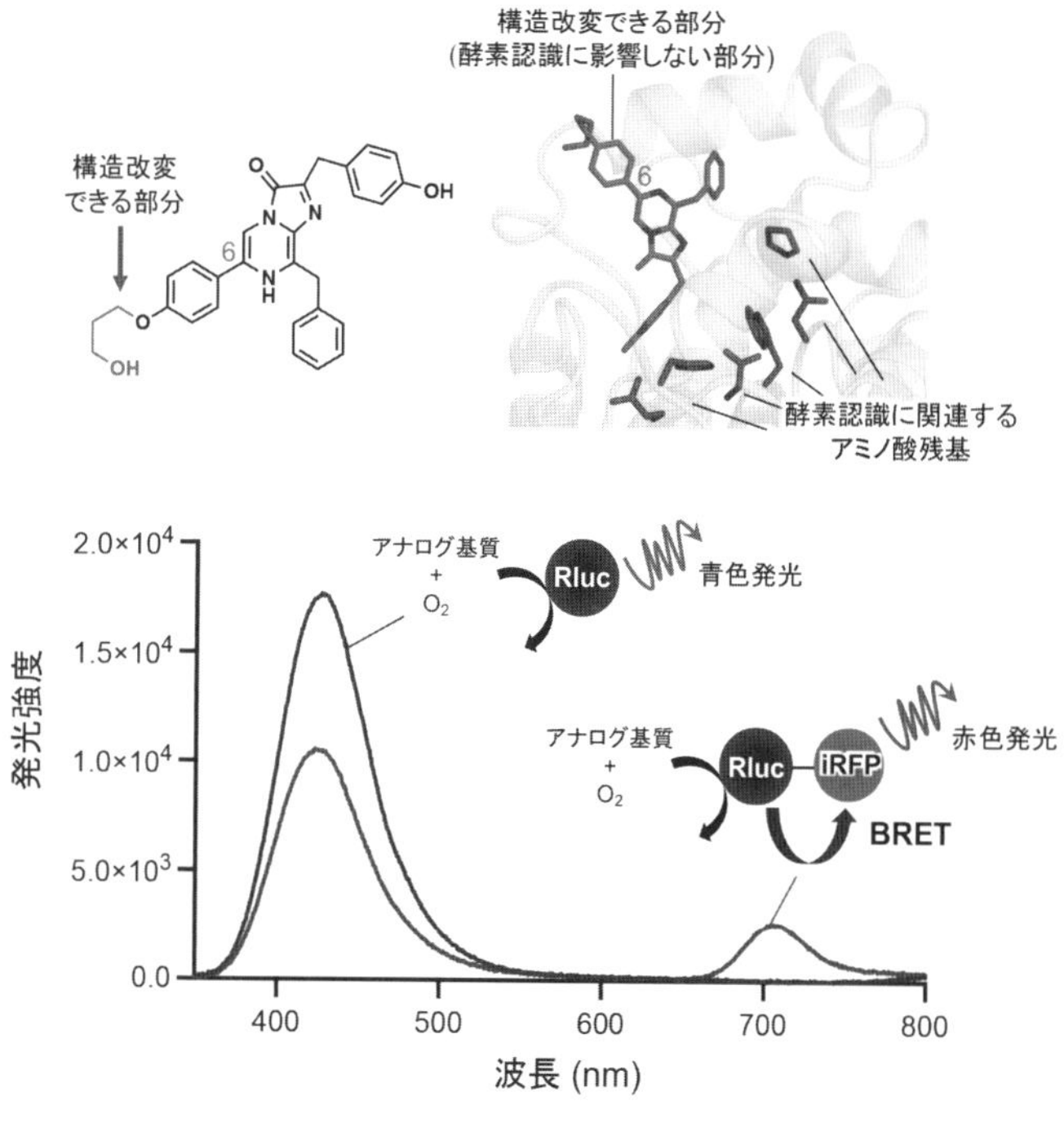


Nishihara R *et al.*: *Theranostics*. 9, 2646-61, 2019の図を一部改変

ルシフェラーゼとルシフェリンの立体配置。セレンテラジン6位炭素につく置換基は、その構造を改変できる。この置換基は酵素認識に関わらない部分であることがわかった。

## 細胞膜透過を制御する

　現在、細胞内物質を細胞外に放出する生理現象（エクソサイトーシス）が注目されています。例えば、シナプス小胞（神経伝達物質を貯蔵する小胞）のエクソサイトーシスは神経活動に関わる重要な現象です。そこで、シナプス小胞内の小胞結合タンパク質（Synaptotagmin-Ⅰ）に分泌型ルシフェラーゼを結合させれば、エクソサイトーシスが起きた際に、発光シグナルとしてエクソサイトーシスがモニターできます（図3-14）。

　しかし、ルシフェリンは細胞膜を透過しやすいので、エクソサイトーシスが起こる前に、細胞内のルシフェラーゼと反応してしま

●図3-14

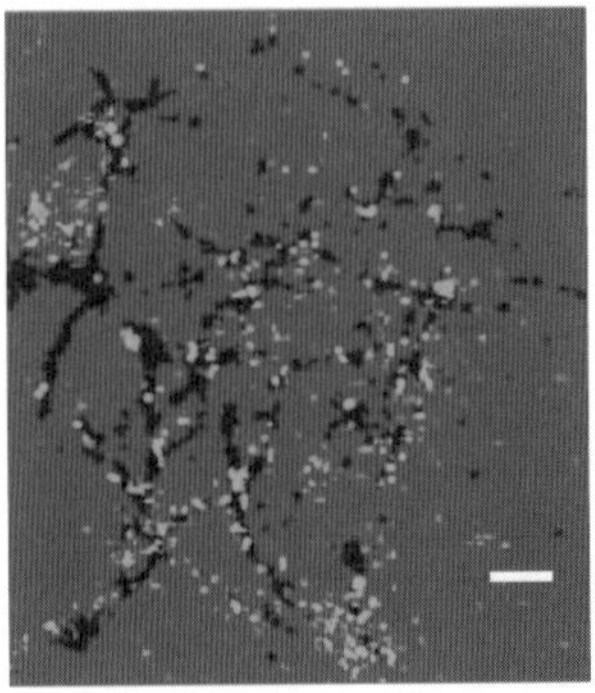

Miesenböck G *et al.*: *PNAS*. 94, 3402--07, 1997の図を一部改変

海馬神経のシナプス（黒点：蛍光染色）からエクソサイトーシスで放出されるシナプス小胞（ウミホタルルシフェラーゼ含有）を発光で可視化する（白点）。

うことが課題でした。そこで、セレンテラジンにリン酸基を付与して、負に帯電させることで細胞膜への透過性を抑制、細胞外のルシフェラーゼとのみ反応するセレンテラジンアナログが開発されました。今後、エクソサイトーシスの高感度イメージングへの応用が期待されます。生物発光で観察できるのは、細胞の中だけではありません。

## 血液脳関門を通過させる

脳の中枢神経系の可視化は重要ですが、天然のルシフェリン（セレンテラジンやホタルルシフェリン）をマウスに投与しても、血液脳関門（脳の毛細血管）を通過しないため、脳内の発光イメージングは困難でした。スタンフォード大学とプロメガ社の研究チームは、血液脳関門を通過できるセレンテラジンアナログ（CFz）を開発しました。CFzは、Nlucの基質であるフリマジンにフッ素（F）を導入した分子で、NlucのBRET型タンパク質（Antares）と組み合わせることで、自由に動くマウスの脳を60ミリ秒の露光時間で動画撮影することができました（図3-15）。基質の投与量にも依存しますが、CFzとAntaresの組み合わせは、第2章で紹介したAkalumineとAkaLuc

に同等またはそれ以上に高い発光シグナルで発光イメージングできます。

## 発光反応を制御

セレンテラジンの発光は多くの生物発光システムの中では、比較的短いフラッシュ発光であることが知られています。これは、ホタルルシフェリンとFlucの組み合わせでは、10分子/分の反応速度で消費されるのに対して、セレンテラジンとRlucでは、111分子/分という早い速度で反応が進行するからです。

2007年にスタンフォード大学のガンビルはイミダゾピラジノン環のカルボニル基にエステル結合を介して保護基を導入することで、ルシフェリンを一時的に不活性化させました。不活性化されたルシフェ

●図3-15

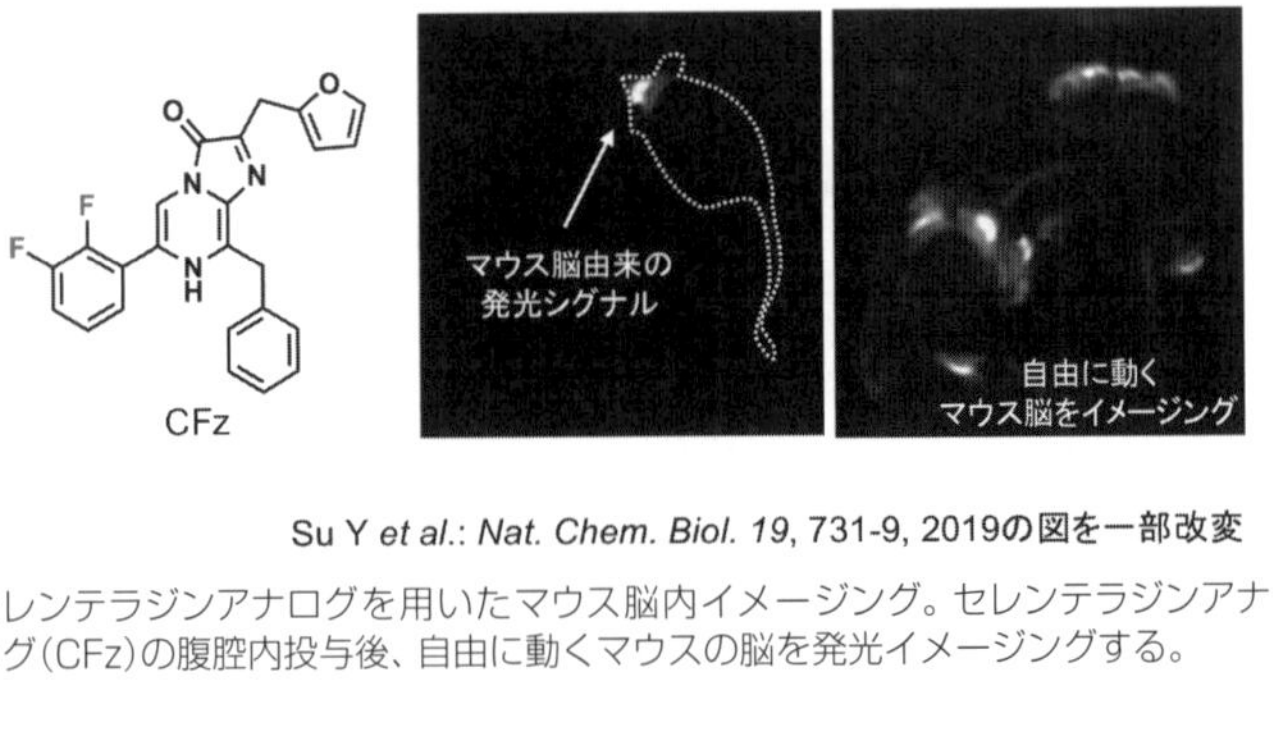


Su Y *et al.*: *Nat. Chem. Biol. 19*, 731-9, 2019の図を一部改変

セレンテラジンアナログを用いたマウス脳内イメージング。セレンテラジンアナログ(CFz)の腹腔内投与後、自由に動くマウスの脳を発光イメージングする。

リンは細胞内において、エステラーゼによるエステル結合加水分解により再びルシフェリンを活性化できます。この手法により細胞内のルシフェラーゼにルシフェリンを徐々に供給することができます。この仕組みを利用して細胞内のルシフェリン・ルシフェラーゼ反応を遅らせることで、これまでより長い時間の発光イメージングが可能になります。Nlucの基質フリマジンにも同様に保護基を導入すると、24時間も生細胞をイメージングできるようになりました（図3-16）。ただし、ホタルの生物発光のような、数日間にわたる長時間イメー

●図3-16

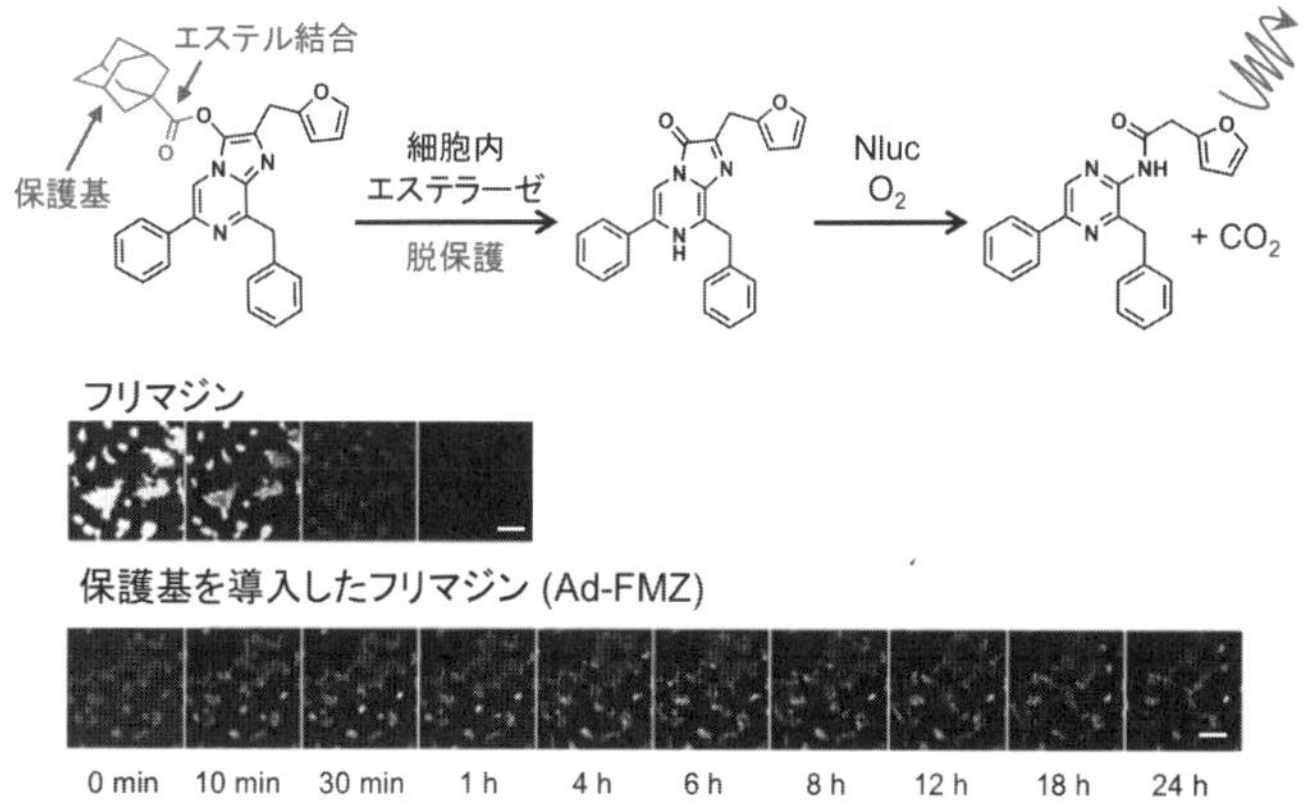


Orioka M *et al.*: *Bioconjugate Chem.* *33*, 496-504, 2022の図を一部改変

細胞（HEK293T）の発光イメージング。フリマジンの発光シグナルは1時間で観察されなくなる。保護基を導入したフリマジンは24時間発光シグナルを観察できる。保護基が細胞内で外れて、Nlucにフリマジンを徐々に供給する戦略で長時間のモニタリングが可能になる。

ジングは現時点では達成できていません。

さらに保護基の種類を変更すれば、特定のバイオマーカー（ある疾病の有無、病状の変化や治療効果の指標となる生体内の物質）が存在するときにだけ発光させることも可能です。例えば、システインやグルタチオンなどのバイオチオール（神経毒性やアルツハイマー病とも関連するとされるチオール分子の総称）と反応して脱離する保護基をセレンテラジンアナログに導入すると、マウス生体内のバイオチオールの濃度上昇を発光イメージングできます。セレンテラジンに保護基を導入することで、新たな応用展開が生まれています。

## ヒトのタンパク質がルシフェラーゼのように機能する

ルシフェリン・ルシフェラーゼ反応は通常、細胞や動物個体内でも特異的に進行するものです。しかし、セレンテラジンは、ルシフェラーゼを発現していない動物個体の中でも強い発光を示すことが報告されました（図3-17）。これはセレンテラジンがルシフェラーゼだけでなく、動物個体内の組織、細胞そしてルシフェラーゼではない生体分子と反応して発光できることを意味しています。つまり、ルシフェラーゼではないタンパク質やペプチドもルシフェリンの酸化反応を触媒することができるのです。

２０２０年、西原らはヒト血清アルブミン（ＨＳＡ）と発光反応を起こすセレンテラジンアナログ（Human Luminophore 1、略してHuLumino 1）を開発しました。血液には１００種類以上のタンパク質がありますが、HuLumino 1はＨＳＡとだけ特異的に反応します。面白いことに、HuLumino 1はＨＳＡと75％ものアミノ

●図3-17

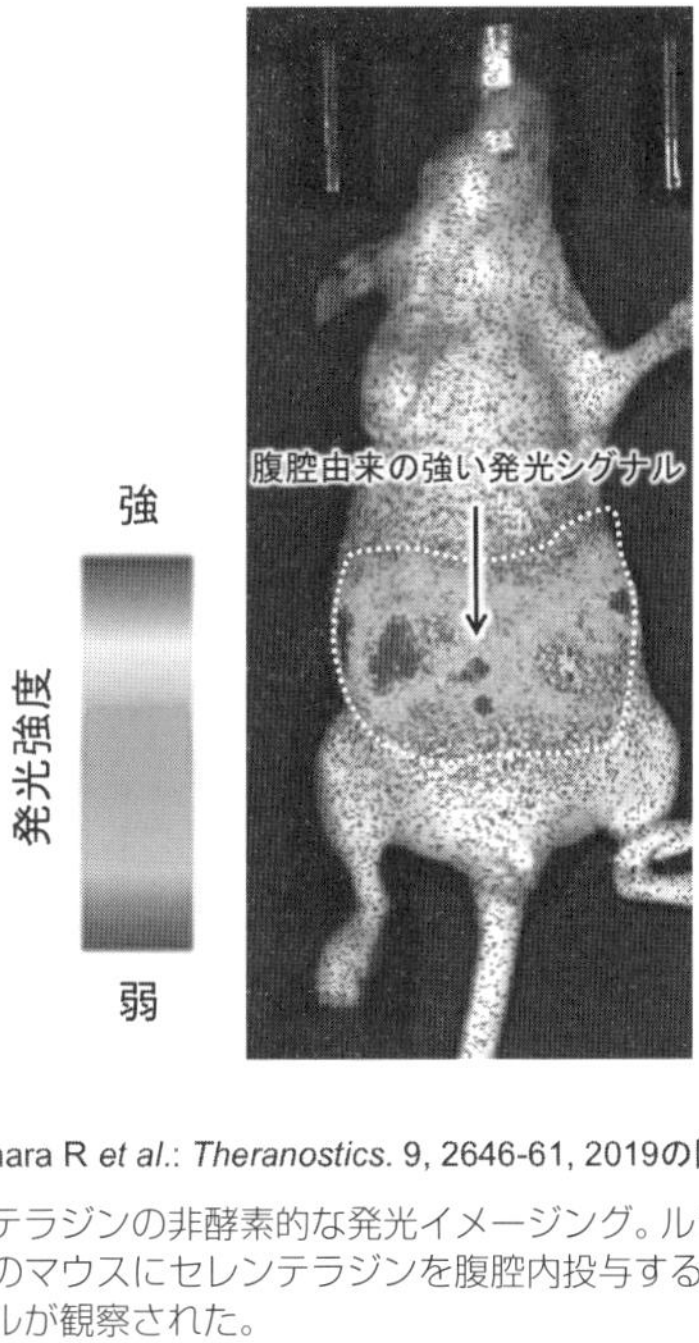


Nishihara R *et al.*: *Theranostics.* 9, 2646-61, 2019の図を一部改変

セレンテラジンの非酵素的な発光イメージング。ルシフェラーゼ未発現のマウスにセレンテラジンを腹腔内投与すると、強い発光シグナルが観察された。

酸配列相同性を持つウシ血清アルブミン（BSA）とはまったく反応しないこともわかりました。つまり、HSAとBSAの立体構造の僅かな違いがルシフェリンの酸化反応に影響するのです。ルシフェラーゼ以外のタンパク質と特異的に反応を起こすルシフェリンアナログの開発は世界で初めての例です（図3-18）。

HSAの量は肝硬変や低栄養の指標になります。従来、抗体を用いた酵素免疫測定法（ELISA）やブロモクレゾールグリーン（BCG）試薬を用いた比色法（色変化で分析）が使われていますが、前者はサンプル処理に伴う長い測定時間（2〜3時間）、後者はHSA以外のタンパク質（グロブリ

●図3-18

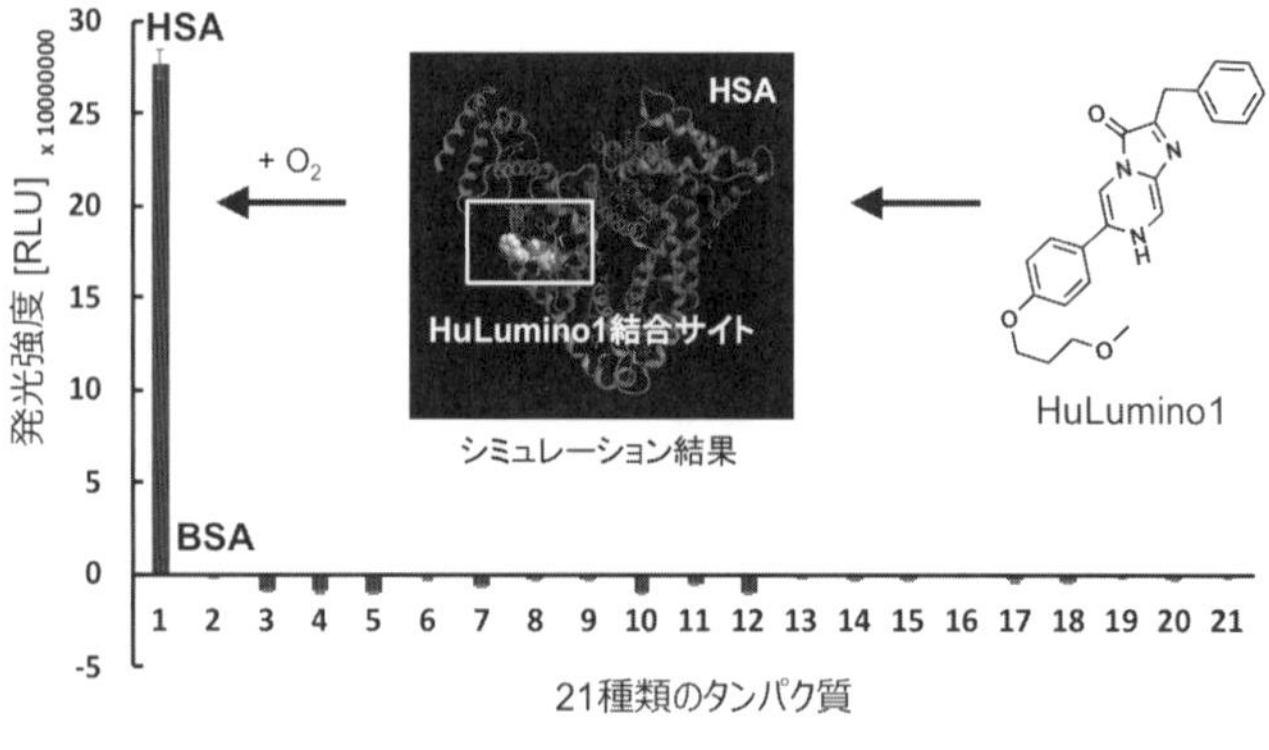


Nishihara R *et al.*: *Bioconjugate Chem.* 31, 2679-84, 2020の図を一部改変

HuLumino1は21種類のタンパク質の中でも、ヒト血清アルブミン（HSA）とのみ発光反応を起こす。HuLumino1はHSAの疎水的ポケットに選択的に結合することもわかった。

ンなど）にも反応する欠点があります。一方でHuLumino1は、未処理の血清に添加するだけでＨＳＡが自ら出す発光量を1分間読み取るだけで、分析できます。ここでも、セレンテラジンの新たな応用展開が期待されています。

## 他のタンパク質もルシフェラーゼになり得るか？

ハーバード大学のランらはのちに、アルツハイマー型認知症の原因となるアミロイドβペプチドのフィブリル（繊維）体が発光反応を触媒するセレンテラジンアナログを開発しました。動物個体内の標的フィブリル体を、ルシフェラーゼを使用せずに、発光イメージン

●図3-19

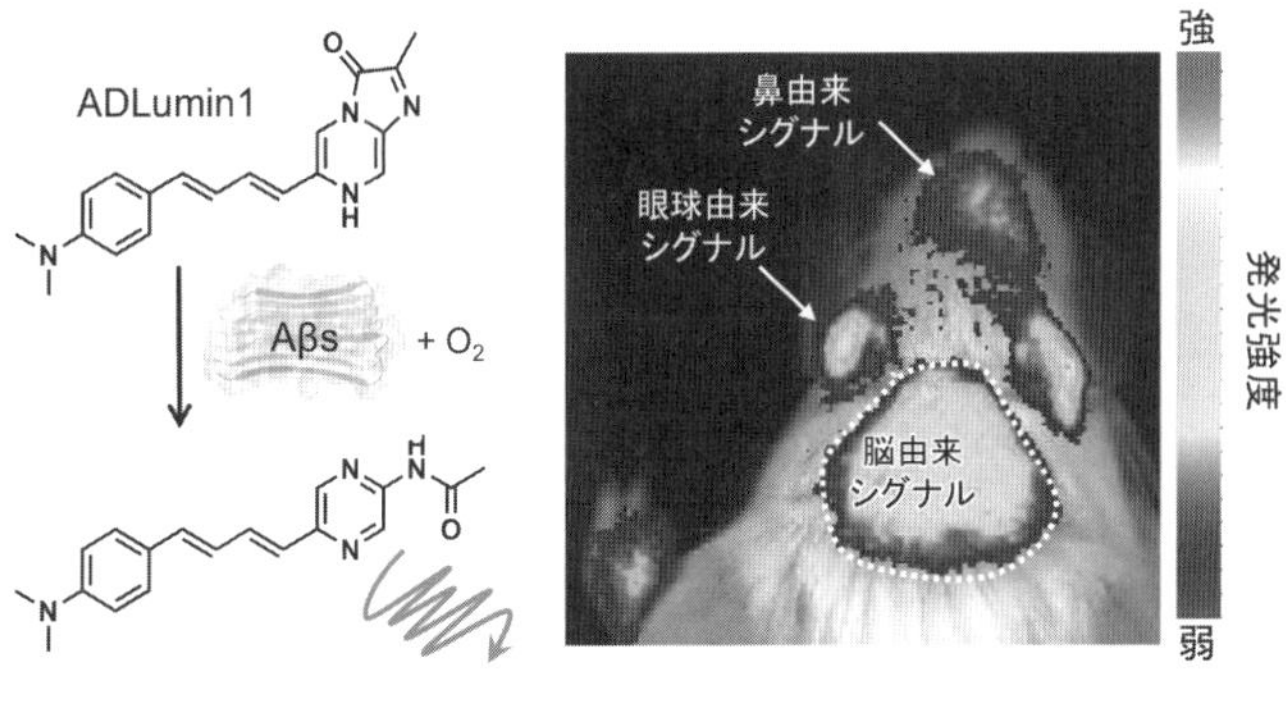


Yang J *et al.*: *Nat. Commun.* 11, 4052, 2020の図を一部改変

セレンテラジンアナログ（ADLumin1）によるアルツハイマー病のモデルマウス（5xFAD）の発光イメージング。ルシフェラーゼを使用せずにアミロイドβまたはその凝集体由来の発光シグナルを確認した。

グすることも可能になったのです（図3-19）。私たちも新たに、新型コロナウイルスSARS-CoV-2が持つスパイクタンパク質とウミホタルルシフェリンが特異的に発光することを見出しています。現時点ではルシフェラーゼになり得るタンパク質の種類に決まりはなく、新たな応用展開が期待されています。

## セレンテラジンの強みであり弱み

酵素がなくても溶存酸素によっても微弱に発光するセレンテラジンの「発光のしやすさ」は、多様な発光タンパク質の進化を可能にし、生物発光アッセイの応用範囲を拡げてきました。しかし、この「発光のしやすさ」は同時に高いバックグラウンドシグナル（溶存酸素レベルでも酸化されることに伴う光シグナル）を引き起こす原因にもなります。これはセレンテラジンを使う生物発光アッセイで注意すべき点です。

一方、生物界では無駄な溶存酸素による発光を避けるため、ハダカイワシなどは、セレンテラジンを安定な化学構造（イミダゾピラジノン環のカルボニル基にスルホ基やグルクロン酸を修飾）に変換して不活性化された前駆体に、あるいはウミシイタケなどのようにセレンテラジン結合タンパク質内にとどめ、発光する前にセレンテラジンに戻しています。また、オワンクラゲではイクオリンの中にセレンテラジンを内在し、カルシウムイオンとの結合と共に活性化させています。発光生物たちは独自の酵素を進化させるだけでなく、セレンテラジンが溶存酸素によって消費されない仕組みも独自に進化させてきたのです。

## 自然に学ぶことが応用を生み出す

イクオリンから始まった細胞内カルシウムイメージング研究や、オワンクラゲやウミシイタケの発光機構を利用したＢＲＥＴ研究は、自然界で観察される現象をヒントに展開された応用例です。ヒトが持つタンパク質や、ウイルスのタンパク質がルシフェラーゼのように活用できる現象は、自然界に存在するセレンテラジンの多様性を考慮すれば、実は驚くことではありません。

天然のルシフェリン化学構造は、ウミホタルとホタルイカ、ウミシイタケで良く似ていますが、一部の化学構造で異なります。イミダゾピラジノン環に付いている官能基（側鎖）構造の違いが、発光システムの多様なものに進化させてきたのでしょう。今では人工的（化学的）にルシフェリンの化学構造を自由自在にデザインすることができます。今後さまざまな生理現象に対するマーカータンパク質に特異的なルシフェリンを見つけることも可能でしょう。私たちは、これが新たなタンパク質の分析技術として、社会で役立つことを目指して研究を進めています。

# Chapter. 4
# 日本生まれのウミホタルの光

SECTION 18

# 海洋発光生物としてのウミホタル

皆さんにとって馴染み深いウミホタルといえば、東京湾の真ん中あたり浮かぶ人工島「海ほたるパーキングエリア」かもしれません。この名前が真っ暗な海の中、ホタルのように光ることから名づけられたのか？　あるいはウミホタルが東京湾沿岸に多く生息するためなのかはわかりません。しかしながら、ウミホタルが発見されたのは東京湾に近い相模湾に位置する江の島といわれ、発見からおよそ１３０年以上を経て、ウミホタルの発光システムやその応用展開は日本が中心に進めてきました。この章では、ウミホタル研究の生物学的な側面から歴史的な背景、その生物発光メカニズム、さらには本題である応用展開について紹介いたします。

ウミホタルは日本列島の沿岸では比較的、よく採取、観察できますが、意外にその存在は明治時代まで知られていませんでした。また、ウミホタルに類縁する種の記録も世界的にそれほど多くありません。はじめに生物学的な研究を中心に、これまでわかったことを整理いたします。

## ウミホタルはエビ、カニの仲間

ウミホタルはエビやカニに近い節足動物甲殻綱介形虫亜綱ミオドコーパ目に属しますが、ウミホタルの属するミオドコーパ目の大半の種は光らないです。詳しくみると、このミオドコーパ目には化石種を含めると約10万種も存在し、日本周辺では約500種程度が知られていますが、発光種はきわめて少なく、日本で採取されるものは底生種(ベントス：通常、砂にもぐっていて、食餌の際に泳ぐもの)が一種、浮遊性のもの二種がこれまでに確認されています。

ベントス種が最も身近に採取できる種として、通常、ウミホタルといわれるものです。ウミホタルの外観は2枚貝状で体長2～3㎜、体幅1～2㎜、大きな目が特徴です。メスはオスに比べると少しだけ大きく、メスは殻内に50個ほど抱卵します。オス、メス共に昼間は水深数10㎝～数mの海底の砂の中に隠れています。食欲が極めて旺盛で、夜間になると2対の触手を用いて巧みに遊泳し死魚の肉などをエサとしますが、触手

が小さいので遠くまでは遊泳できないようです。（図4-1）

2種の浮遊性のものはベントスのウミホタルに比べて小型なもので、東シナ海や黒潮域で生息します。日本沿岸には台風の時期など、風と波によって岸辺まで運ばれてくるため、伊豆半島、八丈島や琉球諸島などで採取できます。これら浮遊性の仲間は暖かい海域全般に生息し、特に研究されているものはアメリカカリフォルニア州やカリブ海で採取される種です。つまり、ベントス種は日本沿岸に多く生息し採取が容易である一方、少し小型な浮遊性のものは世界全体の温かい海域に生息しますが、採取は容易ではありません。ウミホタルの研究が日本中心に進められた理由は採取の容易さによるものが大きいです。

●図4-1

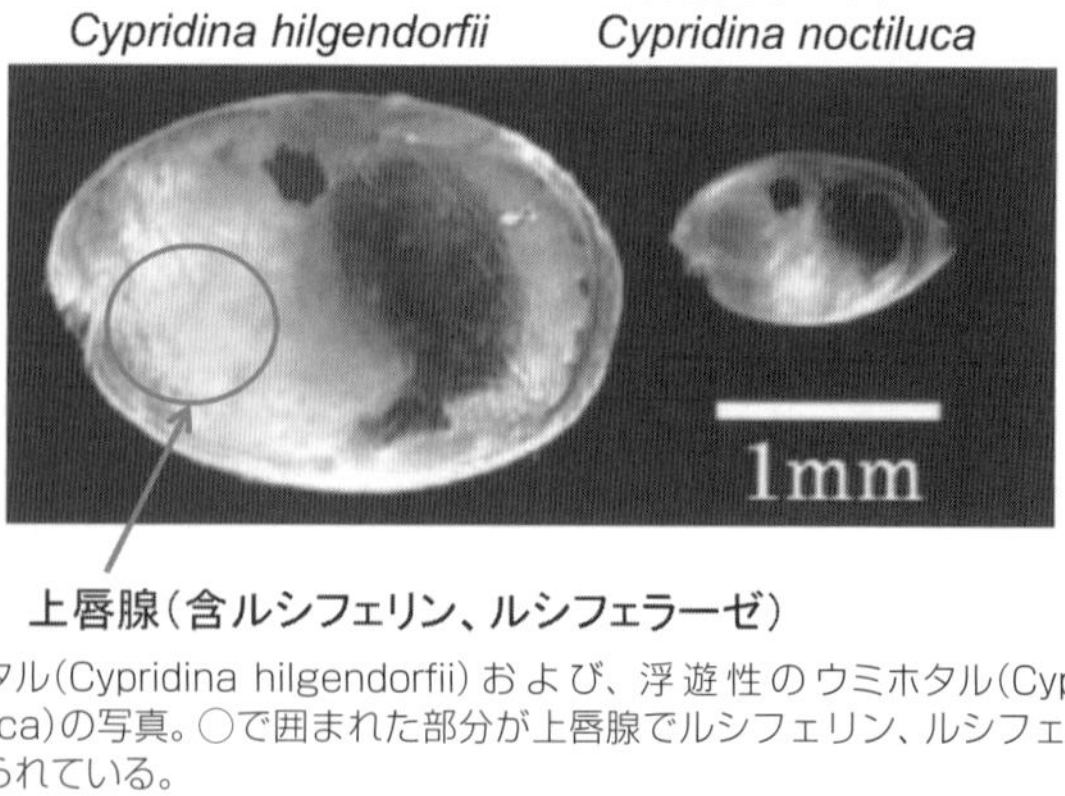


ウミホタル（Cypridina hilgendorfii）および、浮遊性のウミホタル（Cypridina noctiluca）の写真。○で囲まれた部分が上唇腺でルシフェリン、ルシフェラーゼが蓄えられている。

## ウミホタルの光は威嚇? 目くらまし? それとも交信?

ウミホタルの体内には上唇腺という組織に別々にルシフェリンとルシフェラーゼが貯蔵されています。敵に襲われた時など、蓄えられた2つの物質を水中に勢いよく吐き出すことで青色の光の煙幕をはり、自らの姿を発光で隠します。あるいは、敵を光で脅かしているのかもしれませんし、仲間におそわれていることを伝えているシグナルかもしれません。一方、アメリカの研究者によると「カリブ海に生息するウミホタルは、ルシフェリンとルシフェラーゼをゆっくり吐き出す光のディスプレイで求愛し、ホタルと同様に雌雄の交信に用いている」という説もあります。

ウミホタルの個体を観察すると大きな目の下あたりから黄色の組織が目につきますが、これがルシフェリンを貯蔵している上唇腺組織です。一般展示などにおいて、氷での刺激や電気刺激などによって、ウミホタルは発光液を水中に放出させ、発光の様子が観察できます。

この刺激を数日間にわたって繰り返しても、そう簡単に黄色組織も消えませんし、発光機能も衰えることはありません。ウミホタルの体内には相当量のルシフェリン、ルシフェラーゼが貯蔵されています。よって採取されたウミホタルを即乾燥すれば、ルシフェリン、ルシフェラーゼ量を損なうことなく発光が保持され、乾燥標本として研究や教育現場に活用できます。

## 国内ならどこで採取できるのか？

　ウミホタルを採取する際に用いられるエサは鳥肉や魚肉で、時には、かまぼこやちくわで代用できます。エサを、例えば蓋に複数の穴をあけたコーヒー瓶の中にいれ、10ｍ程度の丈夫な紐に繋げて、日没のおよそ30分後、ウミホタルが生息しそうな場所に投げ込み、30分程放置した後に回収すれば採取できます。ウミホタルの採取は暑すぎず寒すぎずの春や秋が絶好のタイミングですが、場所を選べば一年中採取できます。ただし、真水を嫌うので川の近くや雨の日は避けた方が良いです。

　では、どこにウミホタルはいるのでしょうか？　日本列島の北は青森から南は台湾の南端まで、島も佐渡、隠岐、対馬をはじめ南西諸島を含むおよそ320カ所を調査した結果、47カ所で採取に成功しています（図4-2）。

●図4-2

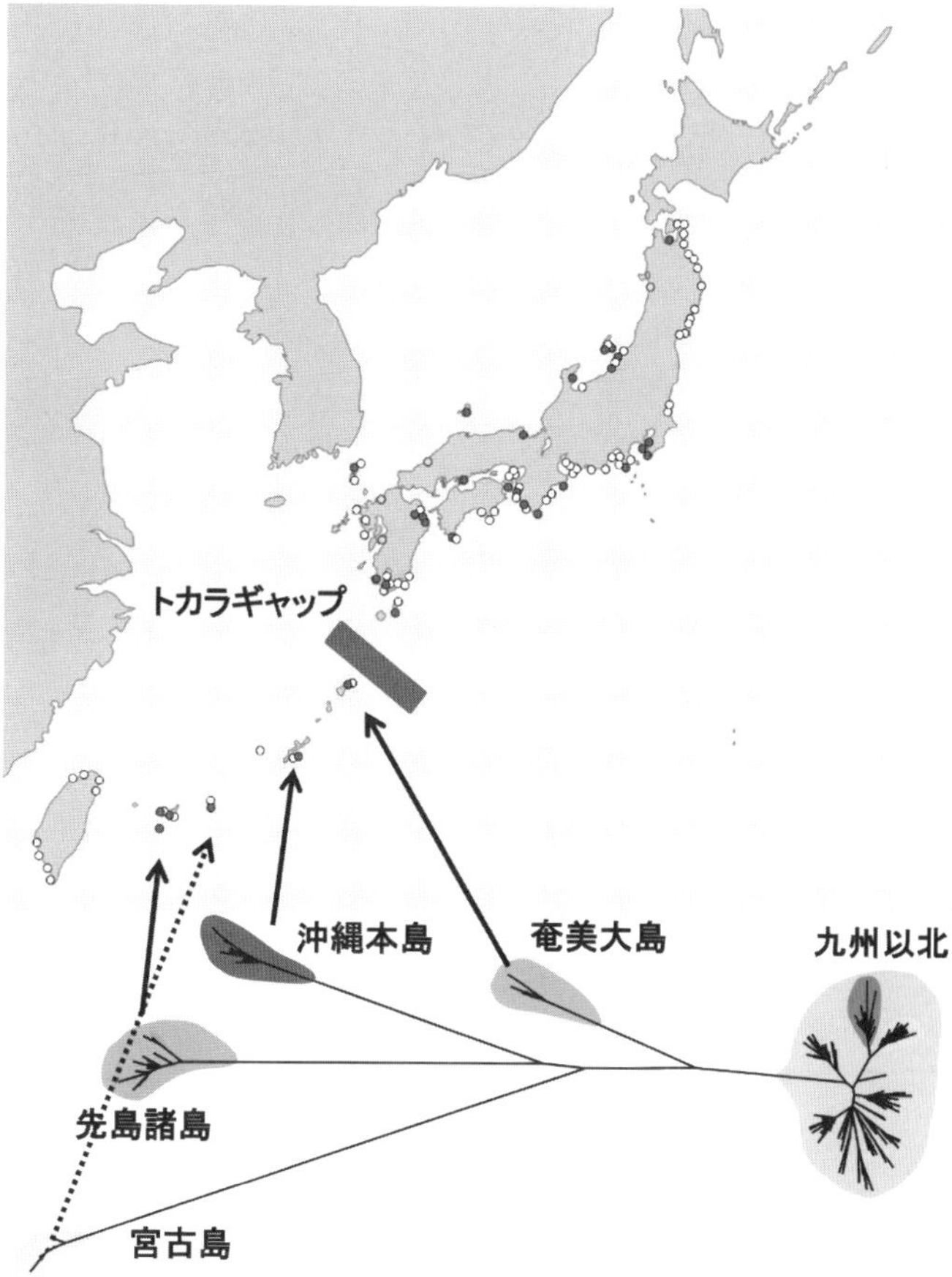


Ogoh K, Ohmiya Y: *Mol Biol Evol*. 22, 1543-5, 2005の図を一部改変

ウミホタルマップ及び日本国内におけるウミホタルの集団形成。マップ上の黒印は採取した場所、白印は採取できなかった場所を表す。mtDNAによって解析された集団形成樹形図では、トカラギャップをはさんで大きく2つの集団が、また、南西諸島では島ごとに集団が形成される。

一方、採取されたすべての地点のサンプルのミトコンドリア(mtDNA)遺伝子を調べた結果、日本列島のウミホタルはトカラギャップより北の本州、四国、九州沿岸部および近くの島々が1つのグループに、トカラギャップより南の奄美大島、沖縄本島、宮古島、先島諸島の個々の4つのグループに、はっきりと分類されます。トカラギャップは黒潮が蛇行する奄美列島と本州を仕切る場所であり、1つの分岐点となります。

これまでの結果から、ウミホタルは黒潮に乗って南から北上、トカラギャップでいったん隔離されましたが、乗り越えた後は急速に本州沿岸部に、その勢力図を拡大したようです。これまでの経験から西日本なら瀬戸内海、関東なら東京湾、日本海なら能登半島や佐渡島で容易に採取できます。なお、寒流がたどりつく鹿島灘以北から北海道太平洋岸、さらにはオホーツク海沿岸では、まだ生存は確認されていません。

## 学校教材としてのウミホタルの活用

学校教材としてのウミホタルが注目されています。これは1年を通じて容易に採取できる点、学校に持ち帰って飼育できる点、化学反応、生化学反応を直に観察できる点などによるものです。特に、高校の教科書に酵素反応の例としてホタルのルシフェリン・ルシフェラーゼ反応が紹介される時代となったことも一因ですが、ホタルでは採取も容易ではなく(保護されている場所が多いという意味で)、飼育時期も限られ、ましてや生化学実験が難しいです。その点、ウミホタルなら採取は可能ですし、採取したものを乾燥標本として後日、生化学実験等が可能です。また、乾燥ウミホタルが市販されている点も学校教材として期待されている点です。

デュボアが考えた抽出法でルシフェリンとルシフェラーゼを得て、それを元に、反応温度、pHなどを工夫することで酵素の性質を学ぶことができます。光の強さは目やカメラで確かめることが可能です。今後、さらに多くの学校等の現場で活用することが期待されます。なお、乾燥ウミホタルは、次のサイトなどで購入可能です(はてのうるま：https://hatenouruma.com/free/product)

SECTION 19

# ウミホタル研究の事始めは日本？

ウミホタルの仲間が発見されたのは130年前の日本と言われています。確かに浮遊性のウミホタルの仲間は世界各地で発見されていましたが、ベントスで比較的に容易且つ多量に採取できる日本のウミホタルは格好の研究素材であったのでしょう。そのため1900年代から世界各地の研究者が日本にウミホタルを研究するために来日しています。そんな歴史を踏まえながら、ウミホタルルシフェリンの同定に至る道を紐解きましょう。

## ウミホタルは誰が発見したのか？

1760年に出版された雑誌の中でリブビルという研究者が1754年に南インドを旅した時に光るウミホタルを観察したと記載しています。その後、観察した記録はありますが、本格的に学術名がつくのは1891年のミューラーの論文になります。この論文に出てくるウミホタルは日本で採取されたものです。そして、付けられた正式名称はシュプリディィナ（一時期バーギュラ属ともいわれた）・ヒルゲンドルフィー・ミューラーです。シュプリディィナはウミホタル科を表していますが、ヒルゲンドルフィーは採取したヒルゲンドルフのこと、そして、ドイツベルリンで標本として登録したミューラーの名前が学術名になっています。

ヒルゲンドルフは1873〜76年に日本政府お抱えの教師として東京医学校で博物学を講義しました。その間、日本各地でいろいろな生物を採取しましたが、特に江の島、油壷、横須賀などの三浦半島周辺の海域で海洋生物を採取しました。その中の1つがウミホタルです。ドイツに帰国後、サンプルはベルリンの自然史博物館（現フンボルト大学自然史博物館）に寄贈され、それをミューラーが他の介形目と共に記載しました。論文として発表したことで、光るウミホタルが日本に生息することが世界に知れ渡ることになりました。

この報告を、1897年に渡辺が日本動物学誌に紹介した際に、マリン・ファイアフライ（海のホタル）と紹介したことが、ウミホタルの名の由来ではないかと推察しています(図4-3)。なお、採取地ですが、当初は江の島や油壷などの相模湾と言われていましたが、最近のインターネット情報では東京湾の横須賀周辺を示唆するものもありました。一方、1900年初頭にドフラインというドイツ人研究者が相模湾の小網代という集落の沖で光を放つウミホタルを採取したという記録を「東亜紀行」という著書の中に残しています。ドフラインは多くの生物を採取しており、その中ではヤコウチュウや発光する多毛類も記述され、日本が発光生物の宝庫であると紹介しています。

●図4-3

**Zoological Society of Tokyo.**——The monthly meeting of the Society for January was held at 2 P.M. on Saturday, Jan. 23, in the lecture room of the Zoological Institute of the Science College. Prof. Mitsukuri in the chair. The following papers were read:

Mr. S. Yoshiwara on "Two Japanese Species of *Asthenosoma*." The substance of this paper is found elsewhere in the present part of this periodical.

Mr. H. Watanabe on "the Phosphorescence of *Cypridina Hilgendorfii*, Müller." The conclusions arrived at by the author were as follows:

(1) The phosphorescent ostracod known in Misaki as "marine fire-fly" is *Cypridina Hilgendorfii*, Müller.

(2) The phosphorescent organ of this ostracod is a group of elongated, unicellular, epidermal glands opening to the exterior symmetrically on either side of the median line, on the external edge of the upper lip—the glands called by Claus "Oberlippendrüse" in 1873.

(3) The glands secrete, together with the transparent, colorless "secretive vacuoles," yellow homogeneous granules which are stored in the necks of the glands.

(4) Physical as well as chemical stimuli cause contraction of the muscles of the upper lip, and the secretion of the glands is thereby mechanically squeezed out.

(5) The phosphorescence of *Cypridina Hilgendorfii* is a chemical phenomenon accompanying the contact of pigment of the granules with the external medium, i.e. sea water.

Annotationes zoologicae japonenses / Nihon dōbutsugaku ihō, 1897

1897年に日本動物学誌に掲載されたウミホタルの記述。ウミホタルの名前の語源はここにあると思われる。

## 生物発光研究の巨頭ハーベィ来日、迎えるは神田左京

20世紀初頭、最も有名な生物発光の研究者は米国プリンストン大学ハーベィと日本の研究者神田左京かもしれません。1916年、ハーベィは新婚旅行で日本に滞在し、富山県魚津市でホタルイカを研究しましたが、他にウミホタルにも興味を持ち、帰国の際に多くの乾燥品を本国に持ち帰り、発光の仕組みを研究しました。そして、ウミホタルの中からフォトジェニン、フォトフェリンを発見したと報告しました。ただし後日、デュボアの定義が主流となりルシフェラーゼ、ルシフェリンとしました。この頃からアメリカの研究者たちがウミホタル乾燥品を元に、ルシフェリンやルシフェラーゼの研究を始めています。

一方、日本では神田が1918年からウミホタルの研究を開始、ウミホタルのルシフェリンやルシフェラーゼを抽出し、その性質の解明に努め、最初の論文を1920年に公表すると共に、1922年には「光る生物（自然科學叢書、越山堂）」を著しています。その頃、神田は福岡でウミホタルを採取していましたが、日本国中、こんなに簡単に採取できるウミホタルの発見が、ドイツ人ヒルゲンドルフであることを嘆いていました。この時代、ハーベィと神田は、生物発光について多くの書簡を交わしていました。お互いにライバルと認めていたようですが、一方はアメリカの名門大学教授、もう一方は日本の市井の研究者（神田は組織を嫌い、篤志家の元で研究）と、しかし、神田がいたからこそ、今でも日本の生物発光研究は世界の最前線にいることができたのです。

## ウミホタルが有名になった出来事

「探偵ナイトスクープ」というTV番組に寄せられた依頼の中に、太平洋戦争の最中にウミホタルを採取していたのは本当かという依頼があったように記憶しています。この話は本当で、太平洋戦争の際、陸軍は戦中防諜上「ひき」と呼ばれたウミホタルの採取を日本沿岸の婦女子に依頼しました。これはウミホタルの乾燥品に水を加えるとよく光るので、日本陸軍は日本各地で採取された乾燥ウミホタルを戦地に送り、灯りの代用品として使おうと考えていたのです。しかしながら、湿気の多い南の島では、使う前に湿気で乾燥ウミホタルの光は利用できなかったらしいです。

## ウミホタルルシフェリンの同定

1920年代からアメリカや日本などでは、乾燥ウミホタルを入手できることからルシフェリン、ルシフェラーゼの抽出が検討されました。特に、太平洋戦争後、日本陸軍に保管されていた乾燥ウミホタルはアメリカに持ち去られ、ハーベィを継いだジョンソンらが精力的に研究を続けました。しかし、彼らはルシフェリンの精製、結晶化には成功しませんでした。そんな時、日本からウミホタルルシフェリンが精製されたとの報告が届いたのです。

天然物化学、有機化学の研究者である名古屋大学の平田義正はルシフェリンの精製に取り組んでおりましたが、難しいテーマであることから学生に任せることはせず、長崎大学から内地留学してきた下村脩にその任を与えました。下村とは発光クラゲの緑色蛍光タンパク質GFPを発見したことから2008年にノーベル化学賞を受賞した研究者です。下村は昼夜の努力の末、ルシフェリンの結晶化に成功しました。後日、結晶化されたルシフェリンから、岸義人らの手によって構造が明らかにされました。

一方、下村の功績に驚いたジョンソンは下村をプリンストン大学に呼び寄せました。次なるターゲットは発光クラゲです。下村とGFPとの出会いは、ここが出発点となります。ウミホタル研究がなければ、GFPの発見はさらに遅れていたことでしょう。

SECTION 20

# ウミホタル発光の分子メカニズム

ウミホタルルシフェリンの精製、同定、そして発光メカニズムの解明には名古屋大学の平田、岸、後藤俊夫や当時、アメリカに渡った下村の貢献が大きいです。一方、ルシフェラーゼの研究はカリフォルニアスクリプス海洋研究所のフレデリック辻の貢献が大きいですが、辻の仕事は大阪バイオサイエンス研究所で行われたものです。それでは、発光の分子メカニズムを紐解いていきましょう。

## ウミホタルルシフェリンの構造、その発光機構

ウミホタルルシフェリンは1957年に下村が結晶化したことで研究が進み、最終的にはウミホタル1kgから約20㎎の結晶が得られるようになりました。得られた結晶を元に、1966年に岸らによって、構造が推定され、化学合成を経て確定されました。

3つのアミノ酸(アルギニン、イソロイシン、トリプトファン)から生合成が予想されるもので、多くの海洋発光生物のルシフェリンであるセレンテラジンと同様のイミダゾピラジノン骨格構造を有しています。よって、発光機構もイミダゾピラジノン骨格上にできるジオキセタン構造の開裂が、そのエネルギー源となります。(図4-5)

ウミホタルのルシフェリン・ルシフェラーゼ反応ではホタルのようにATPなど、他の因子を必要としない一次の化学反応です。ウミホタルルシフェリンが酸化されてできるジオキセタン構造が開裂した際に、高いエネルギーを持つ酸化体(オキシルルシフェリン)が生まれ発光します。量子収率はホタルに次いで高いもので約0・3です。同じく、イミダゾピラジノン骨格を持つセレンテラジンに比べると、例

●図4-5

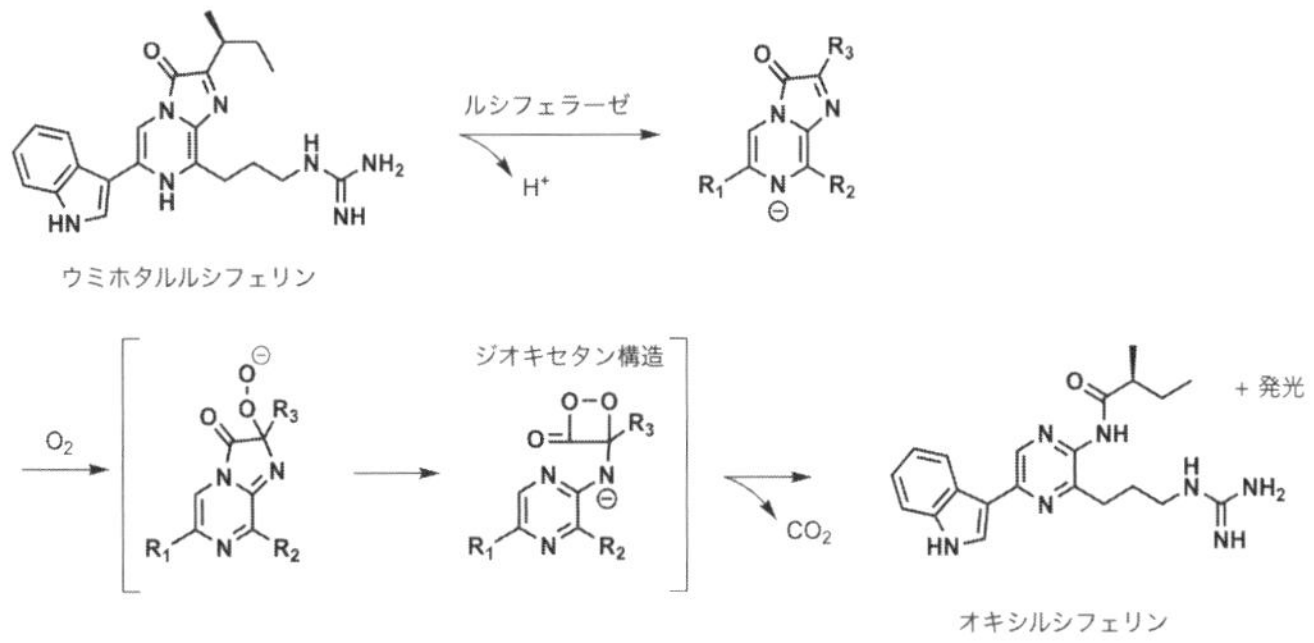


ウミホタルルシフェリン・ルシフェラーゼ反応の分子メカニズムを示す。

えば、ウミシイタケでは0・05ですので、量子収率の高さは明らかな違いです。これは、ウミホタルルシフェラーゼ内の活性部位（化学反応が起きる場）が安定な励起状態のウミホタルオキシルシフェリンを支えるためと考えられています。

## ウミホタルルシフェラーゼは似たものがない

ウミホタルルシフェラーゼとホタルルシフェラーゼの大きな違いは、ホタルの場合、細胞内でルシフェリン・ルシフェラーゼ反応をしますが、ウミホタルでは体内に蓄えられ、上唇腺から吐き出され外部で発光することです。このため、ウミホタルルシフェラーゼは分泌型タンパク質です。辻らは分泌されたルシフェラーゼから、そのアミノ酸の配列の一部を決定し、その配列を元にルシフェラーゼ遺伝子を同定しました。これまで、日本国内に生息するウミホタルと太平洋沿岸の浮遊するウミホタルの仲間のルシフェラーゼ遺伝子の2種が同定されています。

ウミホタルルシフェラーゼはアミノ酸555個からなる分子量約6万のタンパク質です。約というのは、このルシフェラーゼに糖鎖（タンパク質の特定のアミノ酸に糖が付加)が不均一に結合しているため、正確な分子量が不明ということです。ただし、糖鎖が存在することから、ユニークな応用に展開されたことを、後述します。

ホタルルシフェラーゼでは遺伝子配列がわかったことで、この配列を元に樹形図が作成され、アシルアデニレート合成酵素ファミリーに属するタンパク質であることがわかりました。しかし、ウミホタルルシフェラーゼには、似たタンパク質がごく少数で、その関係も明白ではありません。よって、このタンパク質がどのような経緯で誕生、分子進化したかは未だに不明です。

## ウミホタルルシフェラーゼの構造がもたらす利点とは?

555個のアミノ酸の内、N末端19残基ほどが細胞外に分泌するためのシグナル配列(この配列は細胞外に分泌される際に分断される)と考えられています。このシグナル配列があるお陰で、ウミホタルルシフェラーゼ遺伝子を酵母や哺乳類細胞に導入し発現させると、そのタンパク質は細胞外に分泌します。この特徴は、ホタルルシフェラーゼにはない特徴であり、細胞の外で細胞内の変化を評価できるという、応用展開を考える上で大きな利点となります。また、555個のアミノ酸の中にはシステイン残基が34個含まれ、すべてのシステイン残基はジスルフィド(S-S)結合を形成しています。このため、ウミホタルルシフェラーゼは非常に安定な構造となり、37℃でも安定に酵素活性が保持されます。この安定性も、また大きな特徴となり、ユニークな応用展開が可能です。

ウミホタルルシフェラーゼの特徴をまとめると、分子量6万と大きな糖タンパク質ですが、遺伝子導入した酵母、植物、哺乳類細胞等でも分泌され、分泌されたタンパク質は他のものに比べて極めて安定です。ただし、分泌する糖タンパク質であることから、大腸菌のような原核細胞ではタンパク質として安定に発現せず、活性があるものはできません。

## ウミホタルルシフェラーゼ3次元構造解明への道

タンパク質の3次元構造を明らかにするためには、タンパク質を結晶化する必要がありますが、できるだけ均一なもので結晶化する必要があります。しかし、ウミホタルルシフェラーゼは糖タンパク質で、糖鎖の付き方が不均一なため、結晶化が難しいと考えられます。一方、酵素である以上、酵素活性がある状態で結晶化する必要があります。そこで、ウミホタルルシフェラーゼの中の主な糖鎖が結合する2つの部位のアミノ酸残基を違う残基に置き換え、且つ活性が維持されるルシフェラーゼ変異体を作ります。さらに、糖鎖がある程度除去された変異体ができると、次は生産性の良いホスト細胞の選択が重要になります。それらをクリアして初めて、結晶化の作業に入ります。タンパク質を結晶化するのはなるべく均一なサンプルを使うことも重要ですが、結晶化する条件の設定も重要です。それらをクリアしてもなお、分解能の高い結晶が得られない場合は、結晶化溶液中で対流のない極微小重力空間での結晶化が重要となります。ウミホタルルシフェラーゼはＪＡＸＡの協力もあり、宇宙空間で結晶化に成功し大まかな立体構造が決定されています(図４-７)。今後、得られた3次元構造を元に新たな応用展開が期待されています

●図4-7

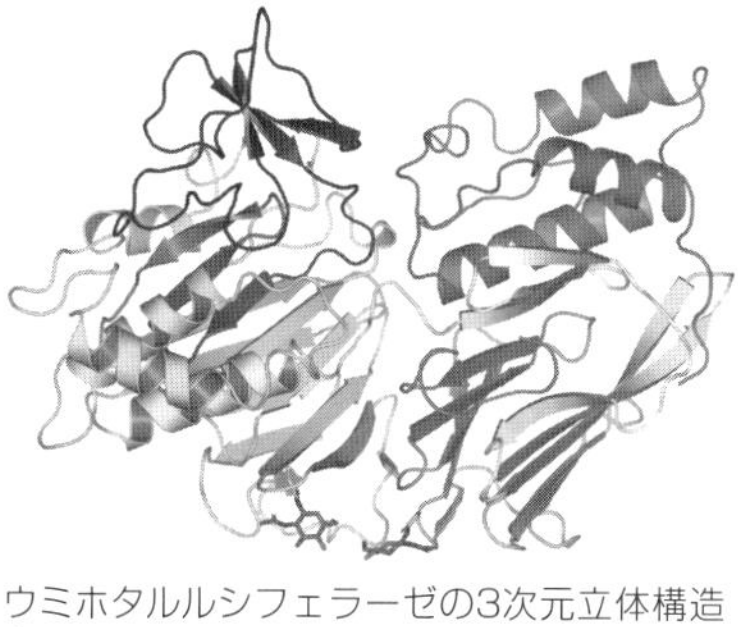

ウミホタルルシフェラーゼの3次元立体構造を示す。

SECTION 21

# ウミホタルルシフェラーゼ遺伝子を活用

ウミホタルルシフェラーゼ遺伝子を哺乳類細胞に導入すれば、発現したタンパク質は、一般的な分泌タンパク質と同様に、ゴルジ体を経て翻訳後修飾され分泌されます。分泌するということは培養細胞なら培地に、個体なら血中にルシフェラーゼが分泌されることになります。ここがウミホタルルシフェラーゼの応用展開を考える上で特に重要な点です。

## ウミホタルルシフェラーゼの分泌の仕方

ウミホタルルシフェラーゼ遺伝子を導入した哺乳類細胞の培養液にルシフェリンを加えると、分泌されたウミホタルルシフェラーゼは細胞の表面で酵素反応を開始し、発光が確認できます。よく観察すると、1つの細胞の至るところから光が出ることはなく、限られた場所だけ光っています(図4-8)。

　これは、タンパク質が細胞の中の定まった経路を移動、分泌することを示唆しています。そこで例えば、ブレフェルジンAという試薬(ゴルジ体に作用して細胞内輸送を阻害する薬剤)を細胞に加えると、その直後に発光は観察できなくなります。よってウミホタルルシフェラーゼはゴルジ体を通過して分泌されることが確認できます。このようにウミホタルルシフェラーゼは分泌過程を光で可視化できるユニークなツールです。

●図4-8

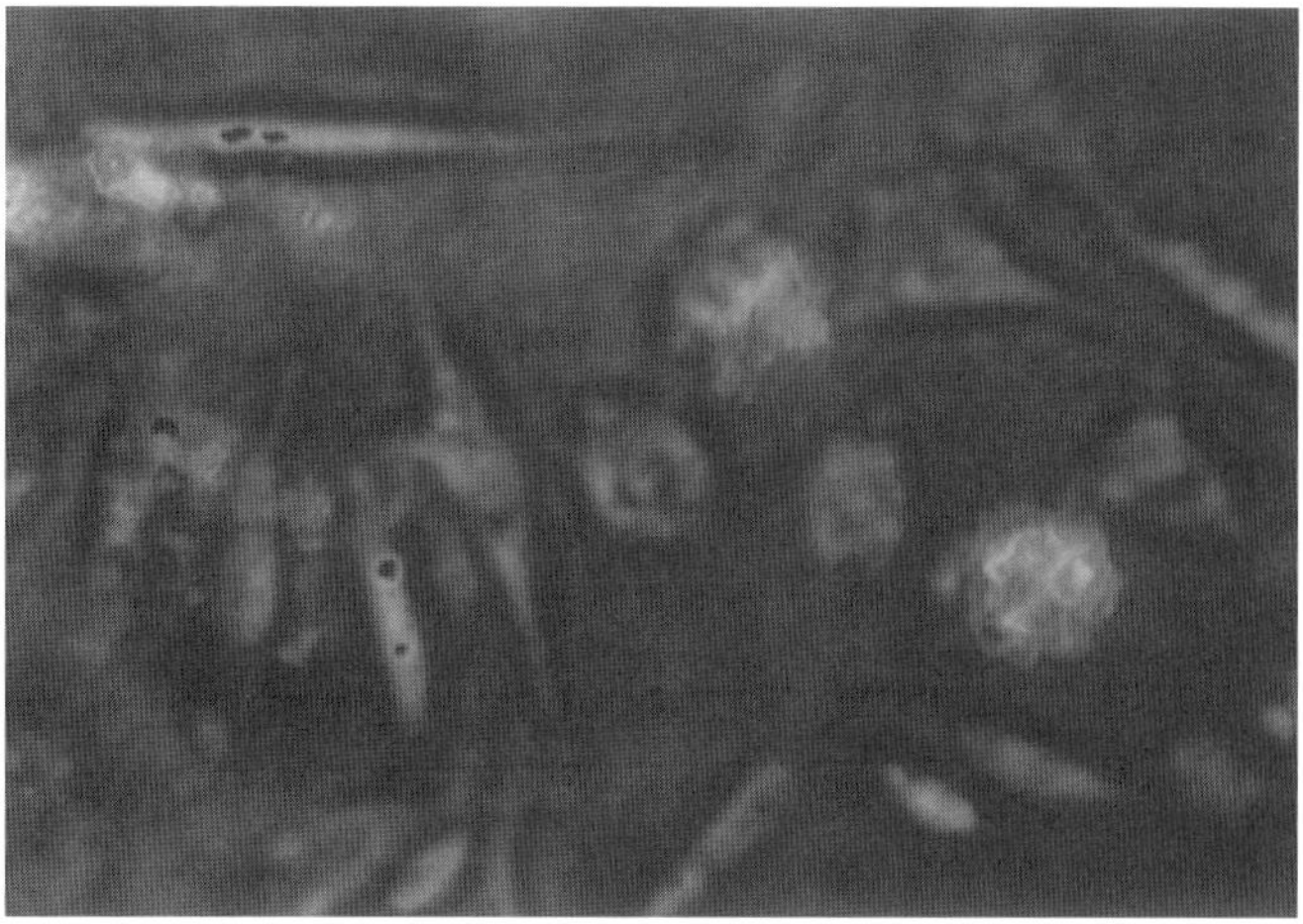

Inouye S *et al.*: *Proc. Natl. Acad. Sci. USA* 89, 9584-7, 1992の図を一部改変

ウミホタルルシフェラーゼ遺伝子を導入した哺乳類細における分泌過程の可視化する。

## ウミホタルルシフェラーゼ遺伝子を用いたレポータアッセイ

レポータ遺伝子としてウミホタルルシフェラーゼを使うことによって、細胞外の発光シグナルで細胞内の遺伝子発現を細胞外で評価できます。つまり、細胞の外に分泌されたルシフェラーゼによる発光強度はターゲットとした遺伝子の発現量に相当することから、遺伝子発現量を評価できます。具体的には対象となる遺伝子の転写調節領域をウミホタルルシフェラーゼ遺伝子の上流につなげたベクターを作成、哺乳類細胞に導入します。

培養細胞を培養し、一定時間経過した後に培地を採取、そこにルシフェリンを加え発光量を測定することで、一定時間内に発現、分泌したルシフェラーゼ量がわかるので、転写活性量が評価できます。遺伝子発現が増加すれば、たくさんのルシフェラーゼが作られ、培養液中のルシフェラーゼが増え、培養液の発光量が増加するということです（図4-9）。

●図4-9

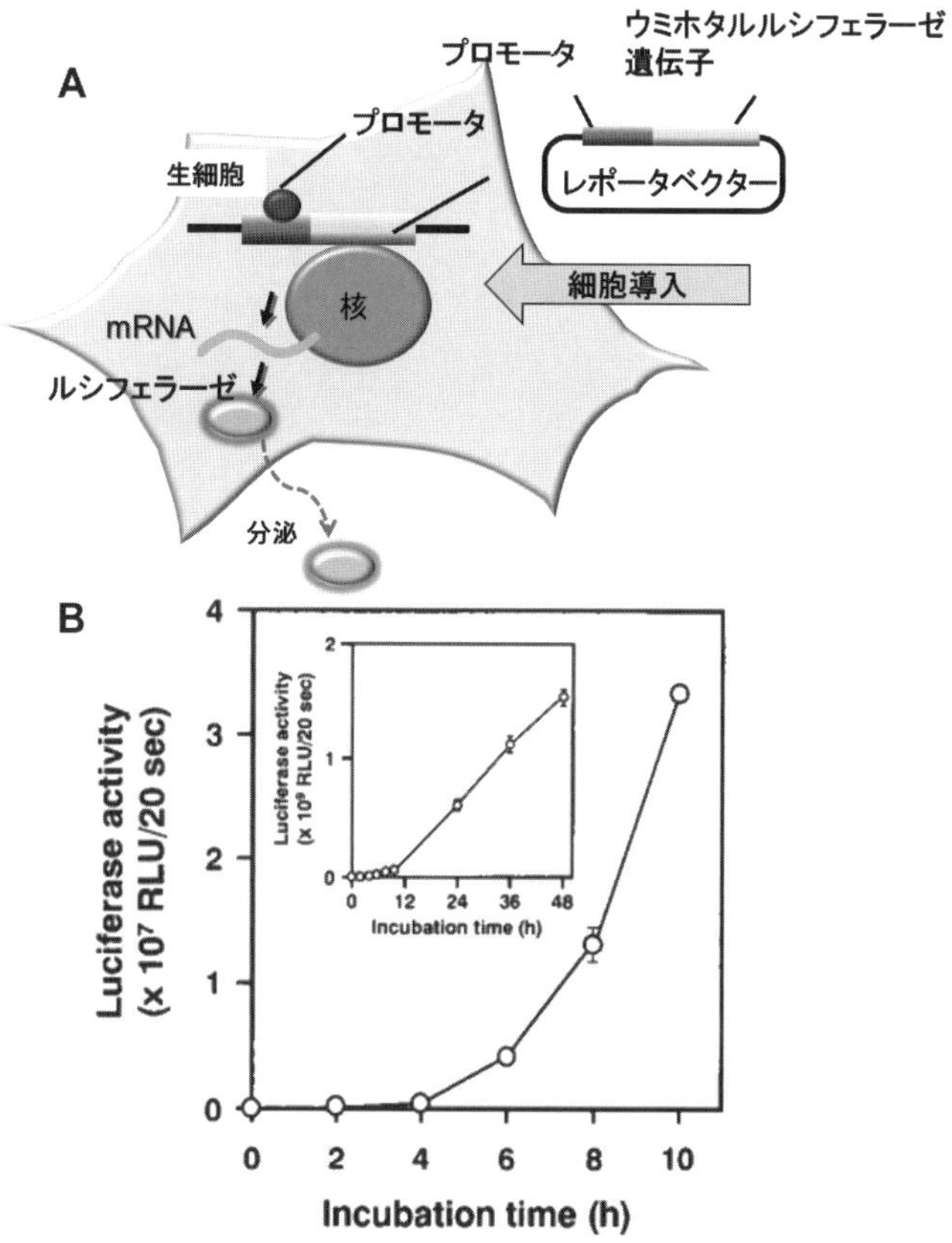


Nakajima Y *et al.*: *Biosci. Biotechnol. Biochem.* 68, 565-70, 2004の図を一部改変

ウミホタルルシフェラーゼ遺伝子を導入した細胞では合成されたルシフェラーゼ量を細胞外で評価。(A)細胞に導入され哺乳類細胞での分泌の概念図。(B)分泌されたウミホタルルシフェラーゼの発光量を経時的に計測した例を示す。

## ウミホタルルシフェラーゼは灌流培養の最適なレポータ遺伝子

細胞を培養する時、静置培養、回転培養、灌流培養など多様な培養方法があります。その中でも、灌流培養とは培養槽に外部から培地を加え培養細胞内に灌流させ、その培地を回収する方法です。この方法をウミホタルルシフェラーゼが発現するレポータ細胞に用いれば、対象とする遺伝子の発現量に相当したウミホタルルシフェラーゼが分泌されたものが灌流培養装置によって回収されます。よって定期的に分取したものの発光量を測定すれば、分取時間内の対象遺伝子の発現量が評価できます。図4-10Aは6つの培養槽から回収する装置を試作した例です。この装置の特徴は培地を任意の時間に、任意の培養槽だけを他の培地に切り替えることができる点です。そして設定された時間に、設定された量の薬剤を投入できます。

## 体内時計をモニター、薬剤の効果を検証

体内時計遺伝子Bmal1のプロモータ領域下流にウミホタルルシフェラーゼ遺伝子

●図4-10

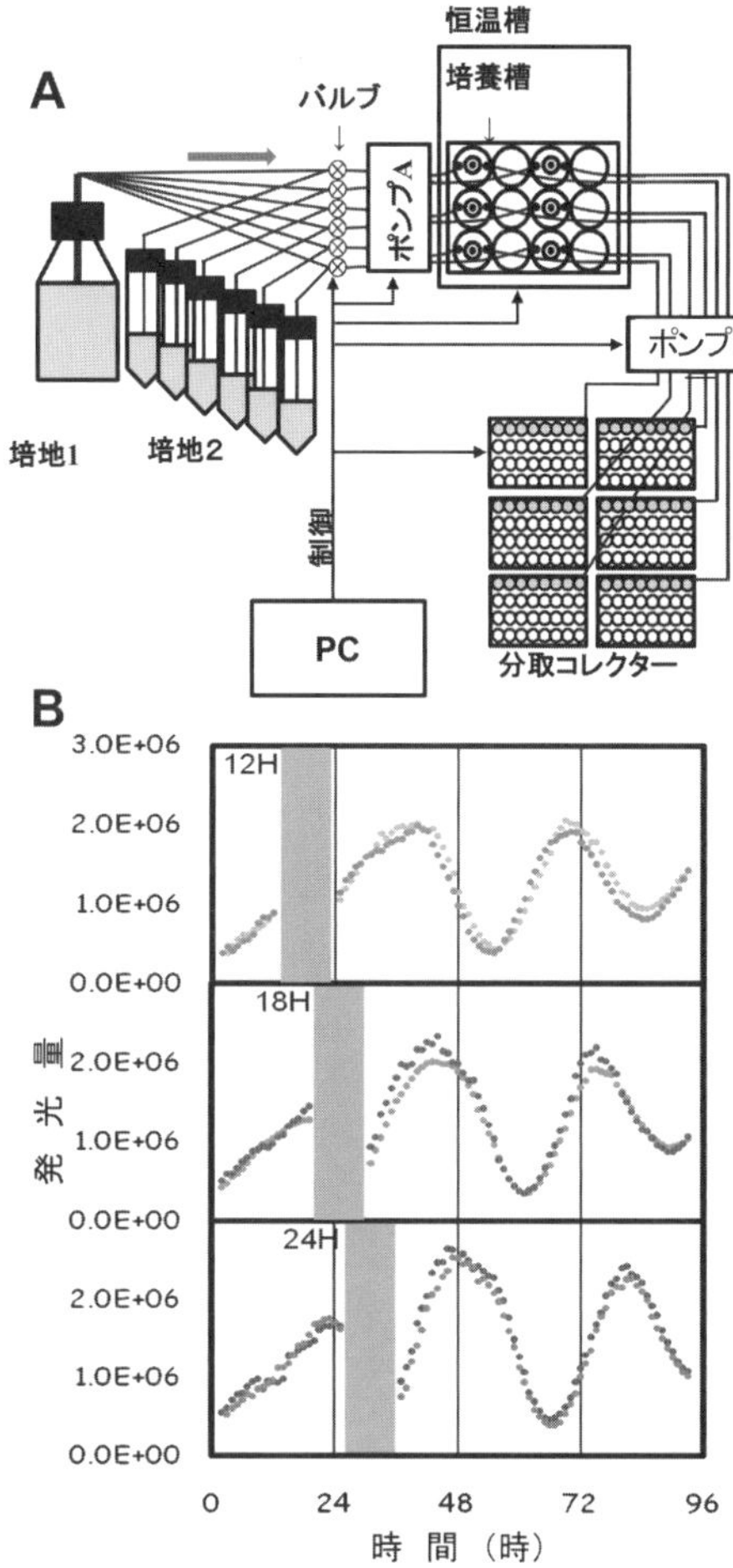


Watanabe T *et al*.: *Anal Biochem*. 402, 107-9, 2010の図を一部改変

(A)灌流培養装置の概要図(培養槽で細胞を培養、ポンプA、Bによって流系を制御、培養液は分取コレクターで回収)。(B)回収培養液の発光量から時計遺伝子転写活性を評価。2つの培養細胞群ごとに薬剤(Dexデキサメサゾン)刺激時間を変更し測定すると、刺激時間に連動して体内時計遺伝子の発現がリセットされる。

を導入した細胞株を構築します。この細胞を灌流培養槽内で培養し、定期的に回収した培地のルシフェラーゼ活性を測定すれば、数日間に渡って体内時計をモニターすることができます(図4-10B)。この培養中に体内時計をリセットする働きを持つデキサメサゾンDEXを、タイミングを遅らせながら加えると、その周期性の同調が薬剤の投与するタイミングによって数時間後に開始されることがよくわかります。この時、同時に回収した培養液内の例えばホルモン量を測定できるなど、従来と異なる遺伝子発現解析が可能となります。分泌するルシフェラーゼとしてセレンテラジンを基質とするガウシアルシフェラーゼがありますが、ウミホタルと併用することで、細胞外のデュアルレポータ解析も可能になります。

## 酵母、植物細胞を利用したレポータアッセイ

ウミホタルルシフェラーゼは哺乳類細胞以外にも酵母や植物細胞でも発現し、共に培養液(培地)中に分泌されるレポータ細胞として用いられています。特に酵母細胞を利用した環境ホルモンのアッセイなど、多くの場面でレポータアッセイとして活用で

きます。また細胞に導入した場合、ルシフェラーゼはいずれの場合も多検体を処理できることから、ハイスループットレポータアッセイとして活用が期待されています。

## 分泌を利用したペプチド切断の定量化

第3章でも紹介しましたが、ルシフェラーゼと蛍光タンパク質の間のBRET（生物発光共鳴エネルギー移動）を使うことで、細胞の種々の機能を評価することができます。ウミホタルルシフェラーゼもまた、蛍光タンパク質に対するドナールシフェラーゼとしてエネルギー供給源となります。つまり、ルシフェラーゼの発光エネルギーはアクセプターである蛍光タンパク質を励起でき、例えば黄色蛍光タンパク質の場合、黄色光を自発的に生み出すことができます。特にユニークな点は、ウミホタルルシフェラーゼは分泌されるので、生きた細胞の状態を保持しながら培養液中でBRETを評価できる点、分泌経路内で起きた生理現象を評価できる点です。

特に後者は、細胞の中には特定のタンパク質の中の〝特定のアミノ酸配列〟を切断し、生理活性を持つペプチドを作り出す機能がありますが、これは分泌過程で起きていることです。そこで、ウミホタルルシフェラーゼに黄色蛍光タンパク質を融合させる際に〝特定のアミノ酸配列〟で2つのタンパク質をつなげます。ウミホタルルシフェラーゼと黄色蛍光タンパク質の融合タンパク質が切断されなければ、分泌されたタンパク質はエネルギー移動を示しますが、もし〝特定のアミノ酸配列〟が切り出されたなら、分泌されたルシフェラーゼにはエネルギー移動する相手がいないので青色の発光のみとなります。つまり、エネルギー移動が変化することを利用して、アミノ酸配列の切断を定量化することができるのです（図4-11）。

●図4-11

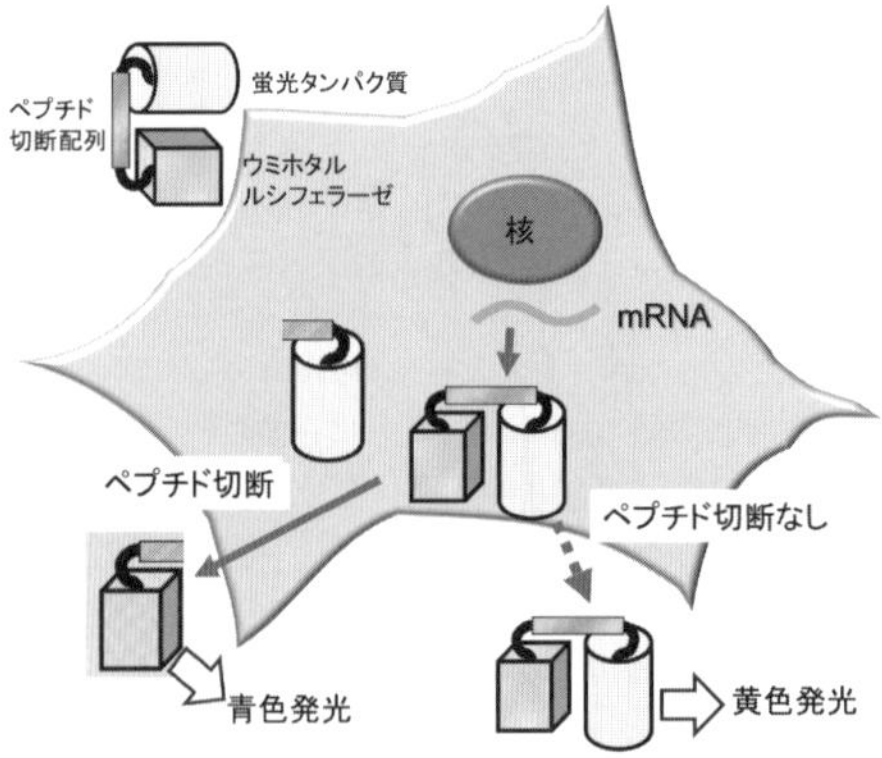


Otsuji T *et al.*: *Anal. Biochemi.* 329, 230-7. 2004の図を一部改変

ウミホタルルシフェラーゼ・蛍光タンパク質間のエネルギー移動現象を利用したペプチド切断の可視化の概念図を示す。

## ガン細胞の増殖をマウス個体の外で評価

ウミホタルルシフェラーゼが発現する発光するガン細胞をマウスに移植した場合、分泌されたルシフェラーゼは血中や尿中に排出されます。よって採取した血液か尿にルシフェリンを加えれば、発光量が測定でき、この発光量の変化を追跡すれば、ガン細胞の増殖、あるいは減縮を判断できます。例えば、ウミホタルルシフェラーゼとホタルルシフェラーゼを共発現するガン細胞をマウスに移植し、数日間隔でごく少量の血を採取しウミホタルルシフェラーゼの発光量を調べれば、ガン細胞の増殖が評価できます(図4-12)。そして、必要に応じてホタルルシフェリンをマウス個体に注入することで、ガン細胞の拡がりや転移の有無を可視化、評価できます。このモデル発光マウスに制ガン剤を投与すれば、発光量の変化で薬剤の効果を評価できます。このような手法のメリットは小動物への負担を軽減できる点、及びマウス可視化実験の数を軽減できる点、継続的にガン細胞の変化を観察できる点です。

●図4-12

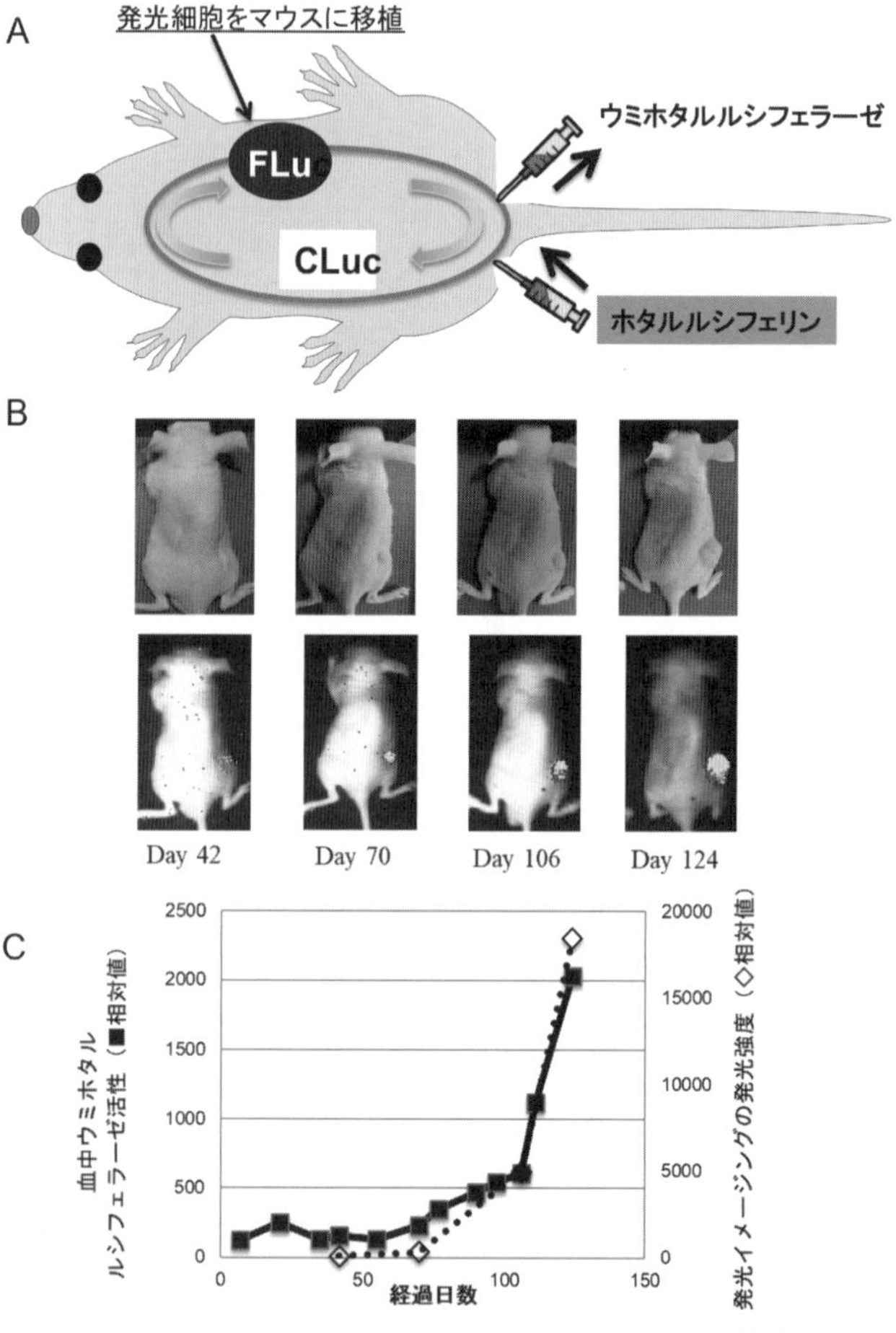


Morita N *et al.*: *Anal. Biochem.* 497, 24-6, 2016の図を一部改変

分泌、非分泌ルシフェラーゼ遺伝子をベースとしたガン細胞評価マウス。(A)ホタルルシフェラーゼ、ウミホタルルシフェラーゼ遺伝子を挿入した細胞を移植したマウスの概念図を表す。(B)ホタルルシフェラーゼの発光を高感度カメラで撮影しガン細胞の増殖を観察できる。(C)血中のウミホタルルシフェラーゼの発光量(■)、in vivo発光イメージングから求めた発光強度(◇)を表す。

SECTION 22

# ウミホタルルシフェラーゼタンパク質を活用

ウミホタルはルシフェラーゼを体内に長期間蓄え、必要に応じて噴出させ光の煙幕を作ります。そのため、ルシフェラーゼ自体は極めて安定なタンパク質です。特に34個のシステイン残基が作るジスルフィド結合はタンパク質の安定化に大きく寄与しています。これは他のルシフェラーゼにない大きな特徴の1つです。発現したルシフェラーゼ自体を使った応用展開を紹介しましょう。

## ウミホタルルシフェラーゼを作る

ウミホタル個体からウミホタルルシフェラーゼは比較的容易に精製できますが、糖鎖が不均一なため、天然由来のタンパク質自体を利用するのは不向きです。そこで、ほぼ均一でかつ安定に供給するために、細胞を用いたタンパク質の合成、精製のプロセスが必要です。これまでに、酵母、植物細胞、あるいは哺乳類細胞を用いる方法が開発されています。特に植物細胞を用いることで、1Lあたり20〜30㎎のルシフェラーゼが得られる系が確立しています。しかも植物細胞の培地が糖を中心とする低分子のものであることから精製も容易であり、最も安価に製造できます。

タンパク質としてウミホタルルシフェラーゼを利用する上で最も重要な点は、繰り返しになりますが、タンパク質内にシステイン残基が34個存在し、その安定性が非常に高い点です。37℃における半減期は60時間以上であり、保存などが容易であり、うまく乾燥させれば半永久的に酵素の力は持続します。また、ルシフェリンもすでに安価に化学合成できるシステムが確立されている点も応用に適している点です。

## ウミホタルルシフェラーゼを利用したイムノアッセイ

イムノアッセイでは測定対象となる物質（抗原）の抗体を用いて計測するシステムです。一般に抗原に対する一次抗体に対して直接標識するか、あるいは抗体を認識する二次抗体を標識したものでアッセイ系が構築されます。多くの場合は二次抗体をペルオキシダーゼやガラクトシダーゼなどで標識したものを用いています。これは抗原に対して、一次抗体、二次抗体と結合させることで感度を向上させることができるからです。標識抗体としてルシフェラーゼは、単にルシフェリンを加えれば検出できますので一次抗体を標識しても十分に高い感度となりますし、二次抗体を使う時間を省くことができるので、より簡便な方法となります。しかし、ルシフェラーゼの安定性や抗体との相性が課題でした。

ウミホタルルシフェラーゼは前述したように安定で取り扱いが簡便です。また、ビオチン化などの修飾を加えても発光活性が大きく低下することはありません。図4-13はインターフェロンを認識する抗体にウミホタルルシフェラーゼを結合させたサンドイッチイムノアッセイの例です。抗原を認識する抗体に抗原であるイ

●図4-13

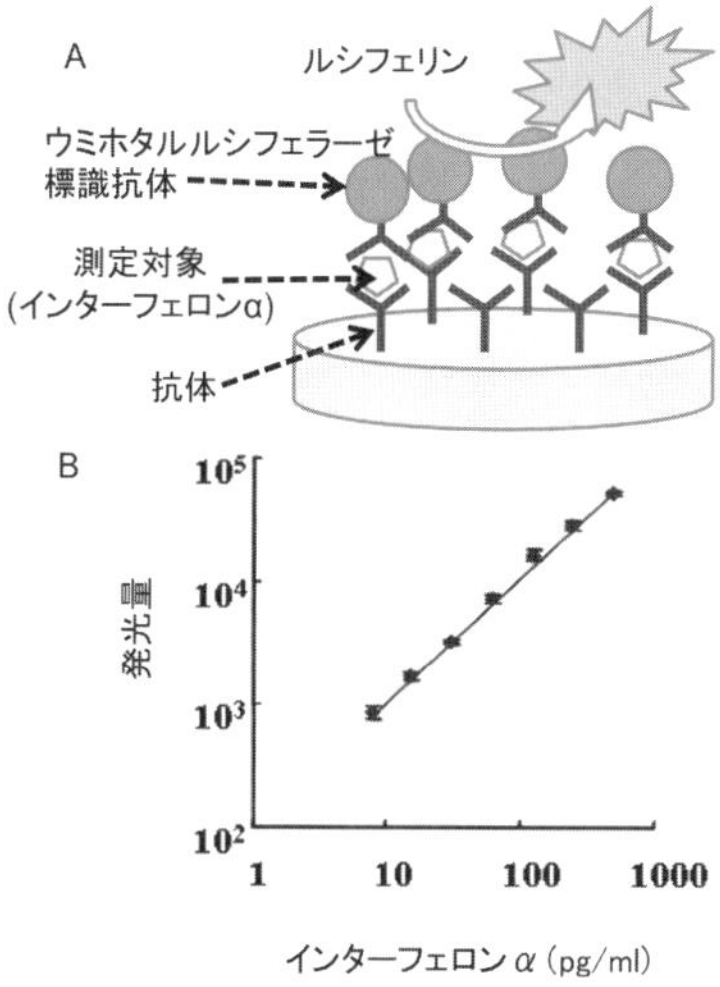


ウミホタルルシフェラーゼ標識抗体を用いたイムノアッセイ。(A)ウミホタルルシフェラーゼ標識抗体を利用したサンドイッチイムノアッセイの原理を示す。(B)インターフェロンαをサンドイッチイムノアッセイすると高感度に検出できる。

ンターフェロンαを結合、洗浄後、再度ウミホタルルシフェラーゼで標識した抗体を結合、発色させたものです。1mLあたり10pg以下の抗原も認識でることから、従来法に比べ同等あるいは高感度、且つ短時間でアッセイできます。

## ウミホタルルシフェラーゼの青色を近赤外光に変える

第2章でも紹介しましたが、「生体の窓」と呼ばれる近赤外領域は生体イメージングに適した波長領域です。ホタルの発光では、ルシフェリンを工夫することで近赤外発光を達成しています。しかし、この場合はルシフェラーゼが発現するガン細胞の可視化は可能ですが、狙ったガン細胞を対象としたものではありません。仮にガン細胞に特異的に発現する抗原に対して発光する抗体が近赤外領域で発光するなら、生体深部でもガン細胞を特定できるはずです。抗体と相性がよく、イムノアッセイにも使えたウミホタルルシフェラーゼの発光を近赤外領域に変えることは可能でしょうか？

そこで注目したのがBRETエネルギー移動現象です。この章でも紹介したようにウミホタルルシフェラーゼはGFPなどの蛍光タンパク質を励起できるドナータンパク質になります。しかし、可視光域しか光を発しない蛍光タンパク質を融合させても近赤外光は発しません。そこでウミホタルルシフェラーゼの糖鎖に近赤外光を発するインドシアニン化合物を化学的に結合させるという手法を使っています。まさに糖タンパク質にしかできない方法です。ウミホタルルシフェラーゼの糖鎖にインドシアニン化合物を化学的に結合させた近赤外ウミホタルルシフェラーゼを作成すると、ルシフェリン・ルシフェラーゼ反応による青色の光はインドシアニン化合物を励起して650nmより長波長の近赤外光を発します。この発光反応を血液中で観察した結果、青色の光は吸収されますが、エネルギー移動して生まれた近赤外光のみが観察できます（図4-14）。

●図4-14

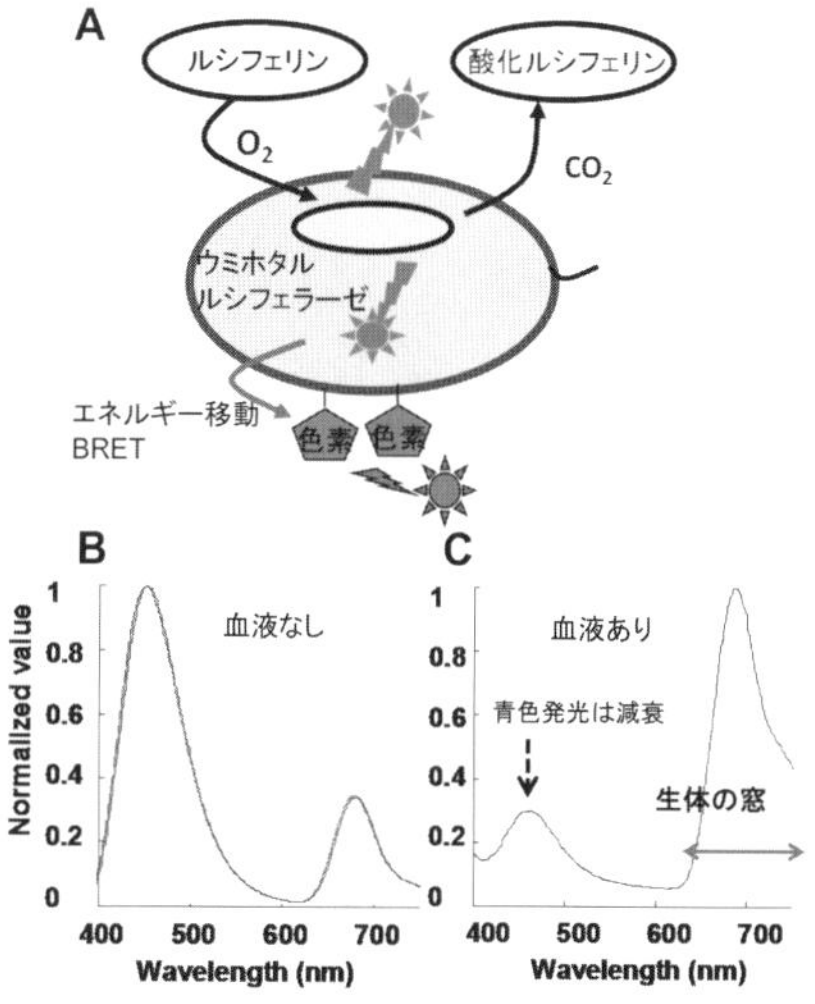


Wu C *et al.*: *Proc Natl Acad Sci U S A*. 106, 15599-603, 2009の図を一部改変

（A）ウミホタルルシフェラーゼ蛍光色素融合プローブにおけるエネルギー移動の概念図。（B）インドシアニン化合物結合ウミホタルルシフェラーゼの発光スペクトル。ルシフェラーゼの青色光は色素を励起し近赤外光を発する。（C）インドシアニン化合物結合ウミホタルルシフェラーゼの血液中での発光スペクトルを示す。

## 生きたマウスの中のガン細胞の抗原を可視化

肝ガン細胞の表層に特異的に出現するガンマーカータンパク質の抗体が樹立されています。そこで、この抗体と近赤外ウミホタルルシフェラーゼ融合させたプローブを作成します。ガンマーカータンパク質を強制発現させた哺乳類細胞の培地にこのプローブを加え、数時間後に培地交換し、ルシフェリンを加えると発光シグナルを得ることができ、抗原を発現する細胞のみを可視化できます。

次にガンマーカータンパク質を強制発現させた哺乳類細胞を移植したマウスを

●図4-15

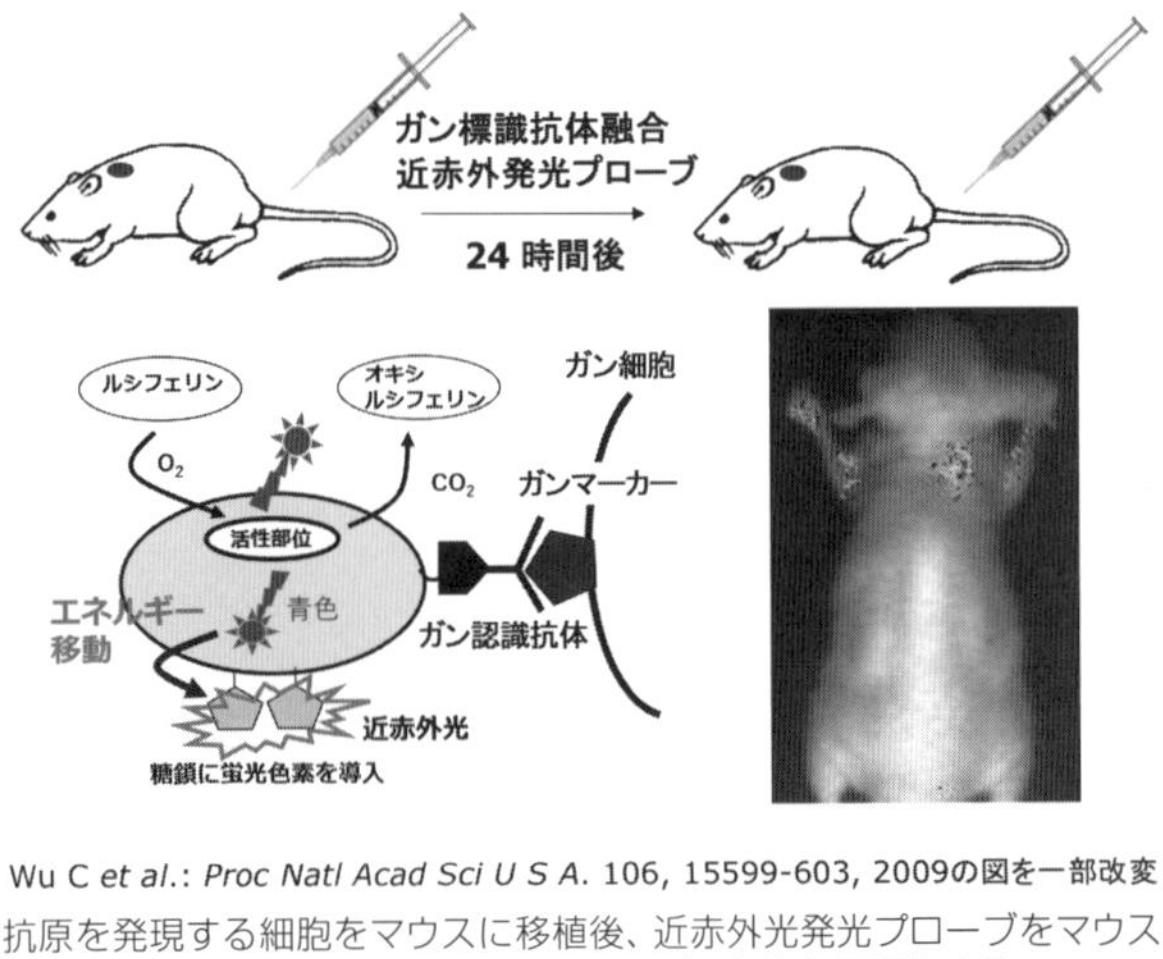


Wu C *et al.*: *Proc Natl Acad Sci U S A.* 106, 15599-603, 2009の図を一部改変

ガン抗原を発現する細胞をマウスに移植後、近赤外光発光プローブをマウスに注入。1日後、ウミホタルルシフェリンを注入しガン細胞を可視化する。

準備し、これに抗ガンマーカー抗体融合近赤外発光プローブとして、マウス内に注射します。本プローブが抗原に集積したと思える24時間放置後、ルシフェリンを同じく注射しますと、数ミリ程度に成長したガンマーカータンパク質を発現した細胞の位置を特定することができます(図4-15)。この方法なら生体深部を生体の窓を通じてインビボイメージング(生きた個体のままの可視化)することができ、抗体の居場所を特定することからガン細胞の増殖などが正確に評価できます。今後、医薬抗体の評価など、多くの活用が期待されます。

## 抗体と融合したウミホタルルシフェラーゼによる免疫組織染色

イムノアッセイは抗体によって、対象となる抗原を認識する方法で、今ではコロナウイルスやインフルエンザウイルスの簡易検査法として、多くの方が経験しています。原理は同じですが、対象を病理切片など生体の組織とし可視化する方法を免疫組織染色と言います。この染色法でも抗体と融合したウミホタルルシフェラーゼが活用可能です。図4-16で示すのは大腸ガンマーカーの1つCEAの一次抗体とウミホタルルシフェラーゼを融合させたもので行った例です。通常、二次抗体を用いた場合は洗浄が2度、2つの抗体とのインキュベーション時間が必要ですが、一次抗体に直接ルシフェラーゼを融合させることで短時間にガン組織を可視化できます。条件を最適化することで10分以内にガン組織を判断できます。

術中迅速病理診断という世界があります。病理医は手術中に切除された組織のどこまでがガンでどこまでがガンでないのか短時間でこれを判断しなくてはいけません。顕微鏡で覗き、自分の経験をもとに組織の形の違いや色で判断するそうです。CEAの一次抗体とウミホタルルシフェラーゼを融合させたプローブなら手術中でも正確にガン組織を判断でき、今後の活用が期待されます。

●図4-16

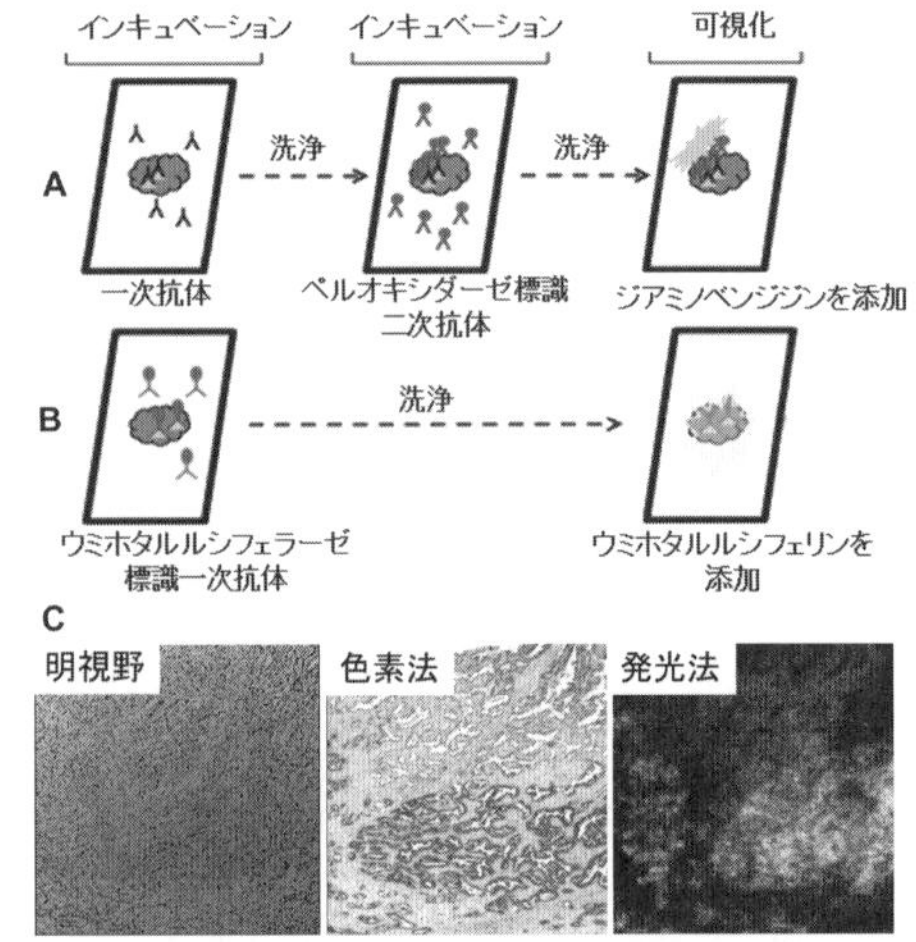


Wu C *et al.*: *Luminescence* 28, 38-43, 2013の図を一部改変

ウミホタルルシフェラーゼを用いた免疫組織化学。(A)一次抗体、ペルオキシダーゼ標識二次抗体を用いて抗原を可視化する。(B)一次抗体融合ウミホタルルシフェラーゼを用いた後、ルシフェリンを加えることで抗原を可視化する。(C)明視野画像、Aによる色素法画像、Bによる発光法画像である。

## 革新的な定量免疫組織染色法でウミホタルは活用可能

イムノアッセイでは抗原量を正確に測定でき、ある閾値よりも高ければ、例えば、インフルエンザやコロナウイルスに感染していることがわかります。これは、検量線というもので事前に検査対象の抗原量とイムノアッセイのアウトプット（例えば、発光量や蛍光値）の関係が明らかになっているからです。では、免疫組織染色法では、検量線を利用して抗原量を正確に測ることはできるでしょうか？　そのカギは、光計測した値が光子数として正確に発光量を測定できるか、尺度となる検量線をどう作るかです。

病理組織の抗原量がウミホタルルシフェラーゼを利用して光子数で定量化した例を紹介します。光イメージング装置を用いて光子数として細胞や組織を観測するためには、始めに装置自体を正確に校正しなくてはいけません。そのために必要なものは正確な光子数を発信する標準光源を用いて校正することです。校正前のアウトプットは、例えば面積当たりの相対的発光量であったものが、校正後は面積当たりの光子数になります（図4-17A）。違うイメージング装置であったとしても、面積当たりの光子数になり、直接的な比較が可能になります。

さらに、抗原をガラス盤上に固定し、免疫組織染色法と同様な手順で抗原・抗体反応を行い、その後、ルシフェリンを加えてイメージング画像を得れば、その面積当たりの光子数の関係がプロットでき、イメージング画像に対する検量線が描けます(図4-17B)。

これをベースにガン組織などの免疫組織を行えば、面積当たりの

●図4-17

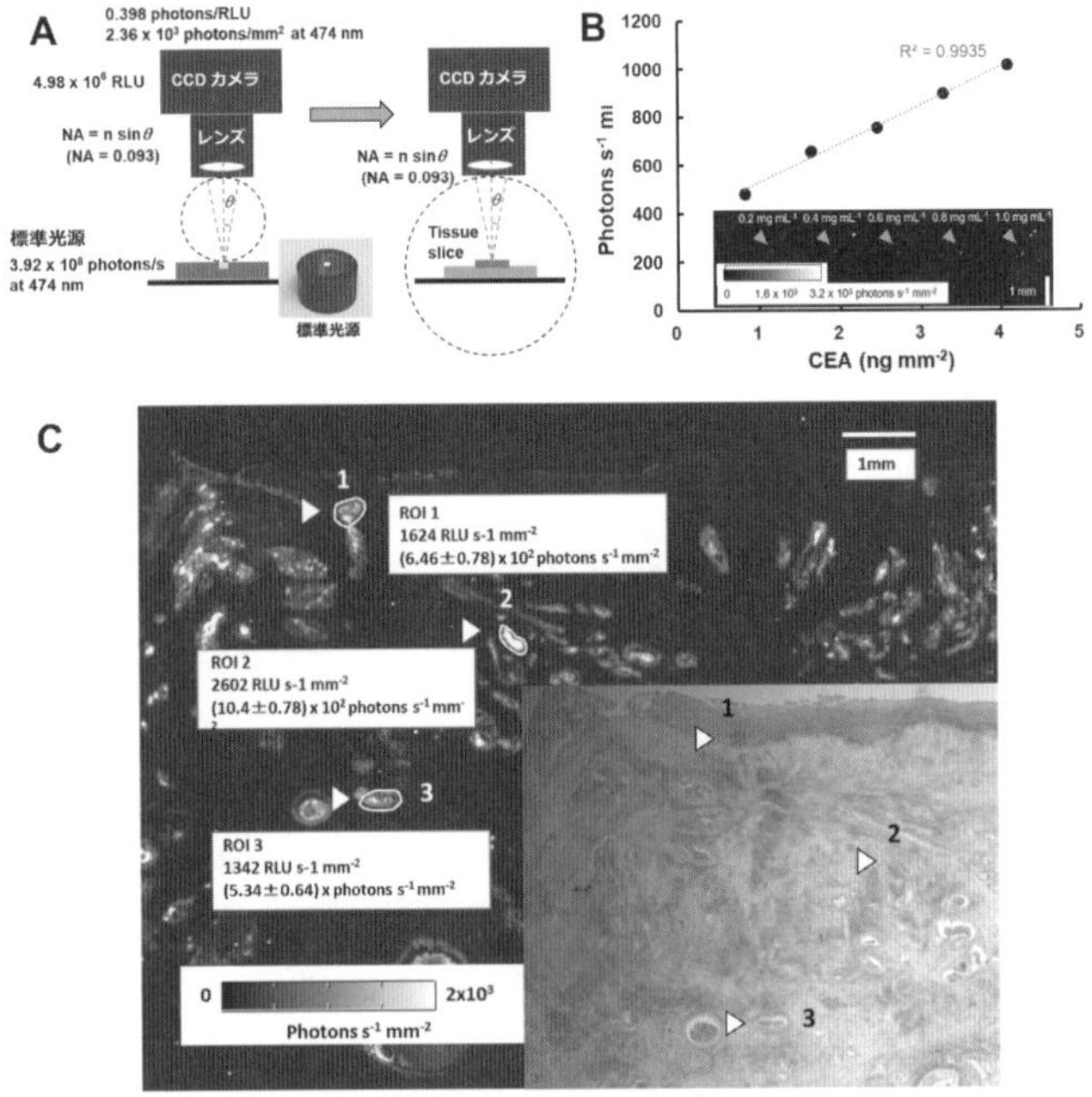


Wang K *et al.*: *Biotechniques* 69, 302-6, 2020の図を一部改変

定量的免疫組織発光染色法。(A)免疫組織発光測定装置の校正法の概略。(B)抗原を固定したガラス盤上での免疫組織発光染色し検量線を作成。(C)ガン組織を免疫組織発光染色し、検量線から抗原数を定量する。右下は明視野画像である。

光子数がわかり、検量線によって組織上の抗原の数がわかります(図4-17C)。抗原の数で議論することで、ガンの進行や広がりを数値として評価できます。正確な術中診断にもつながる可能性があります。

## 量子ドットで近赤外光を発信

2023年ノーベル化学賞を受賞したのは量子ドット(QDと表記)です。量子ドットは半導体材料などをナノサイズに加工することで、3次元方向に電子状態を閉じ込めたものです。現在、その特異な電気的な性質により、半導体レーザー、ディスプレイや量子コンピュータなどに応用されていることから、ノーベル化学賞が与えられました。

量子ドットはバイオの世界でも蛍光色素として用いられ、タンパク質と結合させることで標識として、抗体と結合させることでイムノアッセイの出力として活用されています。量子ドットの面白さは励起波長が同じであっても、そのドットの大きさにより、発光波長が異なることです。ウミホタルルシフェラーゼと各種量子ドットを組み合わせることで、発光反応で生み出される青色の光はエネルギー移動を起こし、そのドットに合わせた発光色に変化します（図4-18）。この組み合わせでも、「生体の窓」である近赤外光を発することができます。量子ドットとルシフェラーゼの融合は細胞の標識などに今後、大いに活用されることでしょう。

この章ではウミホタルの発光の仕組み、それを利用した応用展開を紹介しました。ウミホタルルシフェラーゼの三次元構造が解明されつつある現在、応用展開も構造をベースに考えられるようになっています。今後の進展に期待したいです。

●図4-18

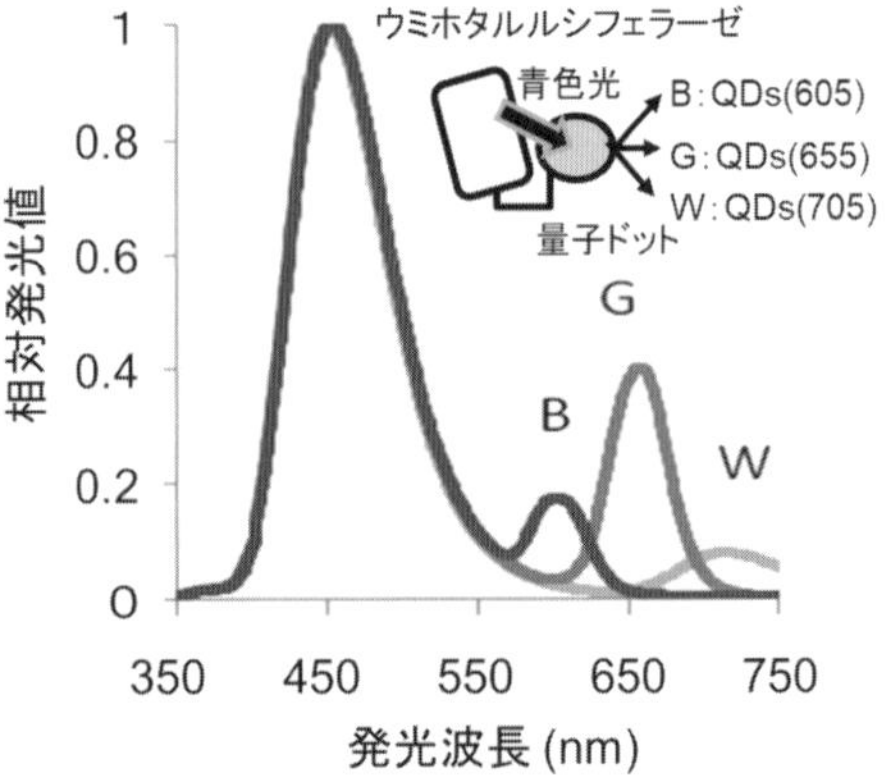


Wu C *et al.*: *Photochem Photobiol Sci.* 10, 1531-4, 2011の図を一部改変

ウミホタルルシフェラーゼ・量子ドット融合体における発光スペクトル。ウミホタルルシフェラーゼに量子ドットB、G、Wを結合させることで青色発光はエネルギー移動して、それぞれ605nm、655nm、705nmを最大発光波長とする光が生まれる。

# Chapter. 5
# その他の生物発光にも大きな可能性

SECTION 23

# 発光バクテリアの応用展開

生物発光の応用展開という視点に立つとホタル、セレンテラジン系海洋発光生物、ウミホタルの3つが代表的ですが、それ以外にも発光バクテリア、キノコ、渦鞭毛藻類などもユニークな仕組みを持ち、すでに応用展開されつつあります。特に、他の生物発光と異なるユニークな発光システムであるため、新たな可能性も指摘されていま す。この章では、そんな生物発光の仕組みを紹介いたします。

## 発光細菌とはどんな生きもの

2022年に開催された国際生物発光化学発光会議で発光バクテリアの応用に関する新しい展開が紹介され、話題となりました。発光バクテリアは私たちに最も身近な発光生物であり、研究の歴史も古く、早くから身近に活用されていましたが、原核生物由来ということで、応用展開も限定的でした。しかし、最近、哺乳類細胞でも活用され始め、多様な可能性が指摘されています。

アリストテレスの時代から腐りかけた魚や肉が、また朽木や光らないはずの昆虫の死骸などが光ることは知られていました。しかし、これが発光バクテリアであるとわかったのは、19世紀後半、パスツールなどによる微生物研究の進展があったからです。主に海洋性のものが多く、代表的なものはPhotobacterium属、Allivibrio属、そして淡水でも生息可能なPhotorhabdus属です。さらに、種のレベルで代表的なものはAllivibrio fischeri(旧名Vibrio fischeri)、Allivibrio harveyi(旧名Vibrio harveyi)、Photobacterium phosphoreumやPhotorhabdus luminescensです。

発光細菌の主な生活様式をまとめると、①海水中に浮遊、②生きものに寄生、③発光魚や発光イカの発光器への共生です。発光バクテリアは身近に生存可能で、例えば生魚やイカの切り身を暗い部屋に放置してしばらくすると光りだします。これは海水中に浮遊していた発光細菌が魚の皮などにわずかに付着しており、それらが増殖するためです。また、発光しない魚でも腸内で発光バクテリアが増殖して、排出されたウンチが光ることがあります。つまり、発光細菌は海水中のどこにでも存在し独立に生活することもあれば、あるいは条件さえ合えば、適当な生きものに寄生、共生するからです。

### 発光魚の中の発光バクテリア

発光する魚は大きく分けて自前システムで発光するものと、発光器に発光バクテリアが共生し発光するものになります。前者の代表は発光サメやキンメモドキなどです。一方、発光バクテリアが共生するものはヒカリキンメダイ、マツカサウオや、魚ではありませんがダンゴイカなどで、特別な器官を発光細菌の住居として提供しています(図5-1)。共生関係は厳密に決められており、1つの種の発光細菌しか共生できません。共生関係を作ることで、発光細菌は安定して生存できる場所を得ることができ、発光魚たちは光を利用して、例えば、エサになる生き物を集めることができると

●図5-1

(左)ノルウェーで発光サメ腹側面の発光を撮影、(右)魚津水族館内のマツカサウオを撮影した。

考えられています。共生とはウイン・ウインな関係を示しています。

## 発光システムがオペロンにまとめられている

発光バクテリアは原核生物です。原核生物の遺伝子の中には、オペロンという遺伝子の領域に、関連する機能ごとにタンパク質群及びその制御系がセット化され、効率よく生理機能をコントロールするシステム、ユニットがあります。発光バクテリアにとって発光は重要な機能であり、luxオペロンとしてパッケージされています。このオペロンにはルシフェラーゼα・β(luxA、luxB)、3つのアルデヒド合成酵素(luxC、luxD、luxE)、及びこれら5つの酵素の発現を制御する遺伝子(luxR、luxI)が1つのパッケージになっていて、発光のための遺伝子情報と遺伝子の制御法が書き込まれています(図5-2)。

発光バクテリアは培養当初は菌体濃度が低く発光能力は低いですが、菌体濃度の上昇に伴い強く発光します。これは、菌体濃度の増加に併せてluxIがオートインデューサ(転写活性を増加させる因子I)を合成し、それが増加すると共にluxRから合成される制御タンパク質と共に、ルシフェラーゼα・β(luxA、luxB)、3つのアルデヒド合成酵素(luxC、luxD、luxE)の合成を促進し、それによって発光が増強するからです。オートインデューサの役割は少数で光っても効率的でないものを、効率よく発光するためのものです。また、発光反応に必要な還元型フラビンモノヌクレオチドを合成するフラビン還元酵素をluxGとして、luxオペロンに加えることもあります。

## 発光の分子メカニズムは?

反応の化学反応は簡単には図5-3の

●図5-2

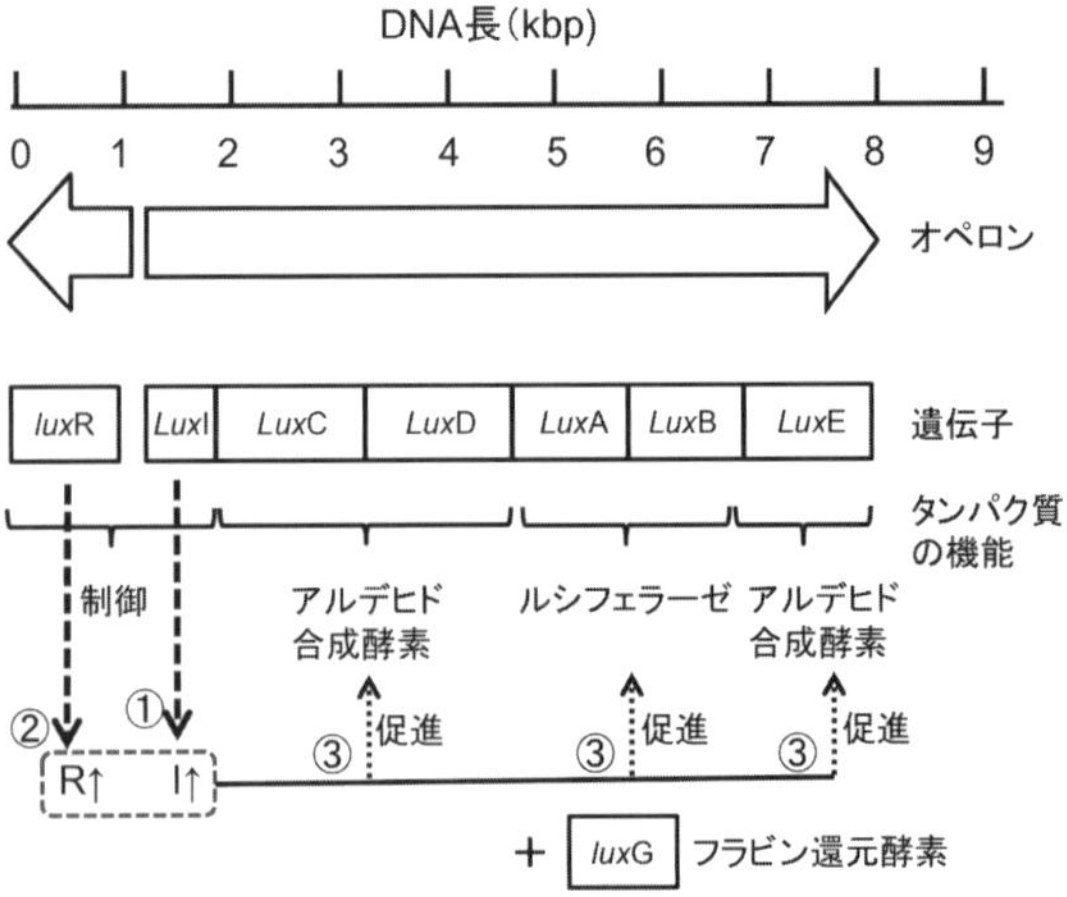


発光バクテリアの発光のためのlux遺伝子群。全長8,000塩基にコンパクトにまとめられている。また、発光の制御はオートインデューサの合成から開始される。

ように表されますが、他の発光生物に比べれば、単純な酸化反応ではありません。バクテリアルシフェラーゼが発光反応を起こすには2つの基質、フラビンとアルデヒドが必要です。バクテリアの発光のルシフェラーゼは、例えばAllivibrio harveyiではluxAから合成される355個のアミノ酸からなるαサブユニットと、luxBから合成される324個のアミノ酸からなるβサブユニットからなる二量体の酵素です。

最初にルシフェラーゼは還元型フラビンモノヌクレオチド（$FMNH_2$）の酸化を触媒、次に飽和長鎖脂肪族アルデヒド（長鎖は主に10-13個）が結合した励起状態の

●図5-3

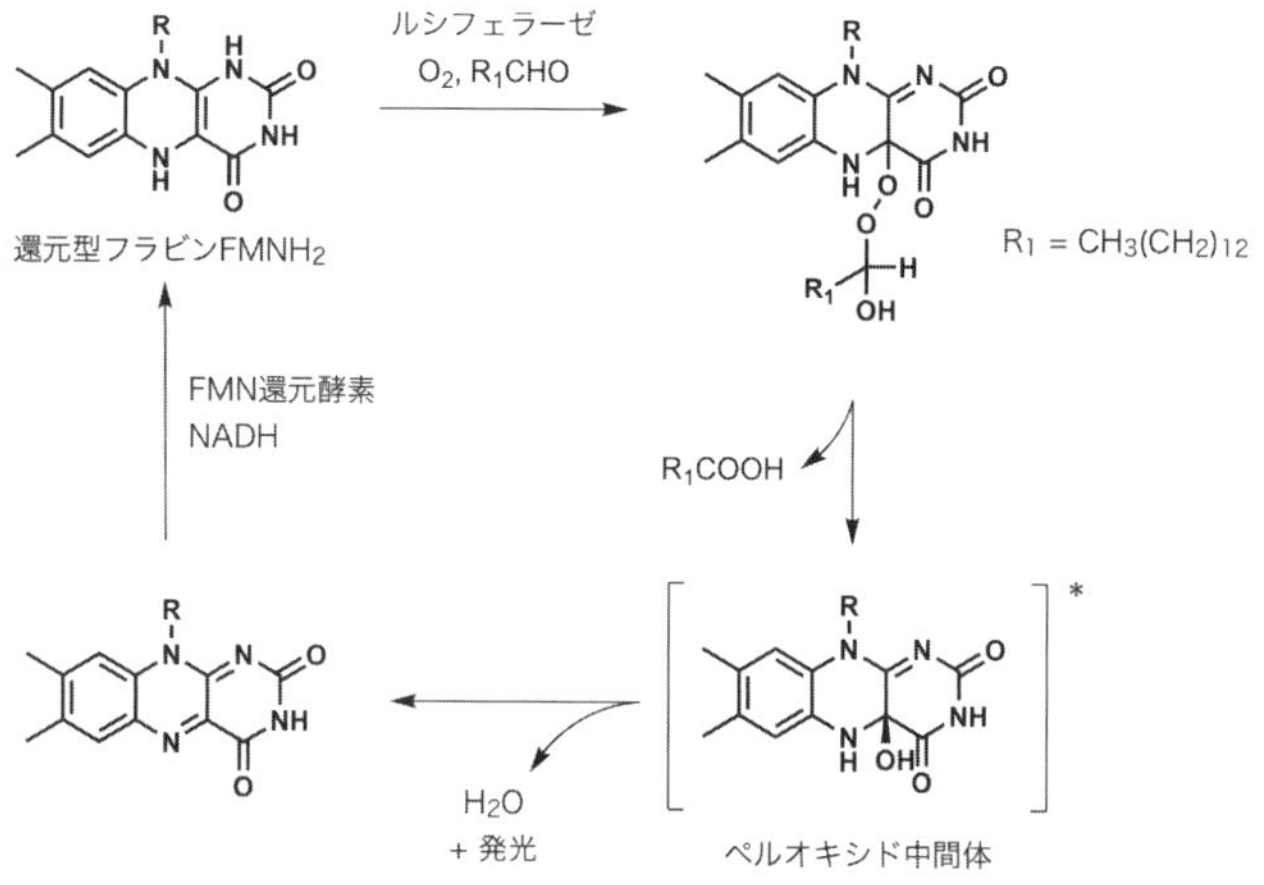


発光バクテリアにおける発光分子メカニズムを示す。

中間体が作りだします。そして、この励起状態の中間体が基底状態に移る時に青色光（最大発光波長４９０ｎｍ）を生み出します。多くの発光バクテリアからは飽和長鎖脂肪族アルデヒドとしてテトラデカナールが同定されています。いずれにしても、飽和長鎖脂肪族アルデヒドだけでも、還元型フラビンモノヌクレオチドだけでも光は生まれません。よって、この中間体がルシフェリンとなります。なお、ルシフェラーゼ遺伝子は１９８６年にクローニングされ、タンパク質の一次構造が明らかになり、さらに３次元高次構造も決定されています（図５-４）。

●図5-4

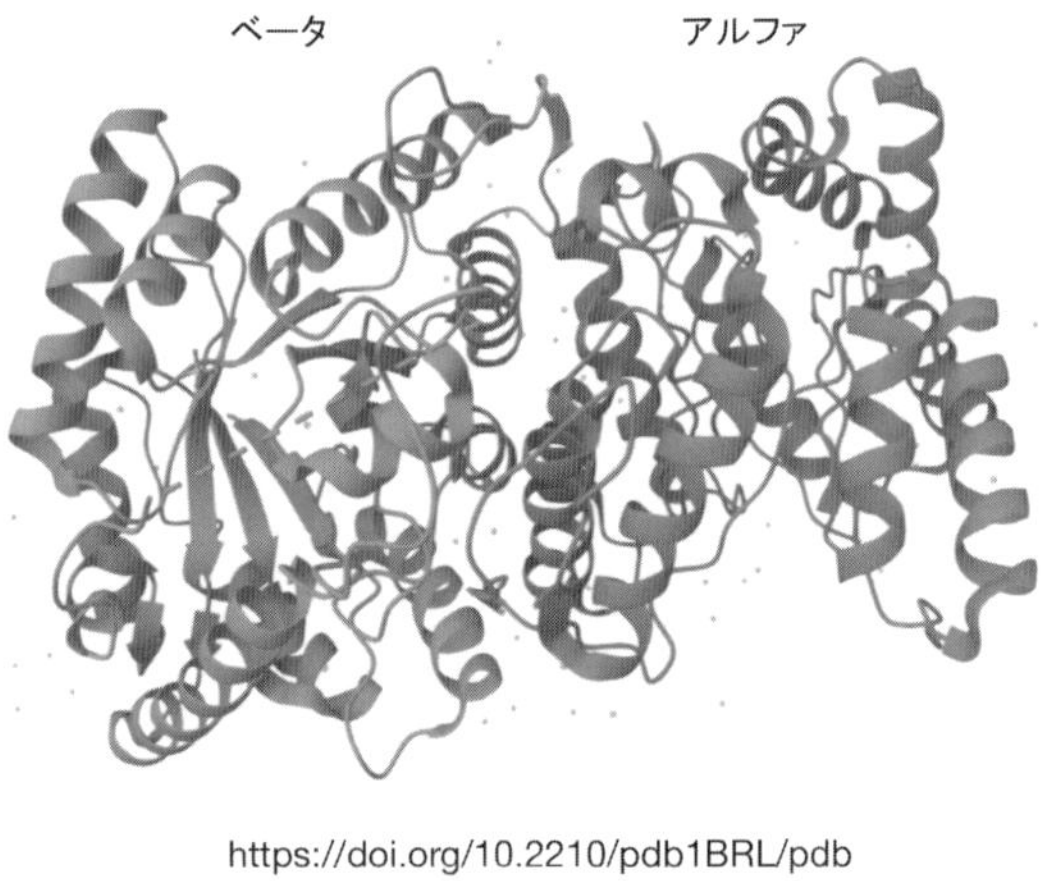


https://doi.org/10.2210/pdb1BRL/pdb

発光バクテリアルシフェラーゼの3次元構造（PDB:1BRL）を示す。

## 水質、土壌の汚れを測るバクテリア

発光バクテリアの大きな特徴の1つは菌体を乾燥させても保存でき、好きな時に再生できることです。よって、どんな場所でも発光バクテリア自体を応用展開が可能です。そんな中で、土壌や水質検査の場で発光バクテリアは活用されています。特に、生物応答に基づく全排水毒性評価法として、メダカの急性毒性試験、ミジンコの遊泳阻害試験やミカヅキモの成長阻害試験などと共に、短時間に低コストなものとして発光バクテリアの発光阻害試験があります。

この試験法では発光バクテリアに有害な物質を含む排水を加え、発光量の減少を指標に排水の有害性を評価します。また、「ＩＳＯ１１３４８」という国際規格化された方法では、Vibrio fischeri NRRLB-11177株を用いて、重金属等の妨害物質と発光バクテリアを接触させ発光量の減少を指標とすることで、毒性を評価します。生きたバクテリアを培養し、それ自体を応用展開できる点が発光バクテリアのユニークな点です。

## 安全を守る、外国ではこんな例も

発光バクテリアの生物発光システムは数少ない原核細胞で作られる仕組みです。よって大腸菌とも相性が良いです。大腸菌はどこにでもいる微生物の1つと考えがちですが、異物を感知して遺伝子発現が変化することが知られています。ユニークな例として、イスラエル・エルサレム大学のグループはＴＮＴ火薬及びその分解物の蒸気を認識できる遺伝子を大腸菌の中から見つけました。彼らは、ＴＮＴ火薬に応答する遺伝子を制御系としたluxオペロンの一部を大腸菌に導入し、地上に埋められた地雷を発光で検出する方法を生み出しました。ＴＮＴ火薬を認識できる大腸菌は水分を含んだアガロースで培養させれば、数日間は乾燥地帯でも、基質を加えることなく発光能は維持されます。そこで真っ暗闇の砂漠にＴＮＴ火薬感知大腸菌をまき、高感度のカメラを搭載したドローンで地雷を発見するそうです。イスラエルならではの応用展開でしょう。

## シアノバクテリアの体内時計を可視化

他の章で紹介してきたようにホタルやウミホタルの生物発光システムは多くの体内時計の研究に活用されてきました。体内時計の面白さはシアノバクテリアのような単細胞生物から究極の多細胞生物である哺乳類まで厳密な遺伝子の発現で制御される仕組みを持っている点です。遺伝子の発現が調整されることで体内時計が厳密に制御されることから、遺伝子発現を可視化できる生物発光システムが活用されています。

1993年、名古屋大学の近藤らは、シアノバクテリアの24時間周期の体内時計を解析するため、光合成光科学系IIのpsbAI遺伝子のプロモータとluxABを繋げたベクターを作成し、シアノバクテリアのゲノム遺伝子に挿入した形質転換体を作りました。それを揮発性の直鎖状デカナールを飽和させた中で培養することによって、シアノバクテリア内で発現したバクテリアルシフェラーゼが発光します。培養細胞の発光量を連続的に測定することで、シアノバクテリアの体内時計が正確に24時間周期を持つことを証明し、さらに光るシアノバクテリアを用いて、体内時計の仕組みの解明にも成功しました。

## 哺乳類細胞でも発光バクテリアシステムが有効

原核生物由来の発光バクテリアルシフェラーゼは真核生物である哺乳類細胞では発現しにくいということが課題になり、これまであまり応用展開されていませんでした。しかし、遺伝子内のアミノ酸合成のコドン（細胞内でタンパク質を合成する際、核酸の3つの塩基配列が1つのアミノ酸残基に対応）を原核生物から真核生物のコドンの出現頻度に変えることで、さらには二量体酵素であるサブユニットα、βを融合させ1つのタンパク質として発現させることで、哺乳類細胞内でも効率よく合成されます。

この融合バクテリアルシフェラーゼ遺伝子上流に評価対象タンパク質のプロモータ領域、あるいはコントロールとなる定常発現誘導プロモータ領域を挿入したベクターを複数の哺乳類細胞に導入しても、ホタルルシフェラーゼとほぼ同じ結果を得ることができます。一回のアッセイあたりのコストが10分の1程度になること、及びホタルルシフェラーゼの阻害物質もアッセイできることなど、これまでにない優位性が発光バクテリアの発光システムにはあります（図5-5）。

2019年にluxABCDEとluxGに相当するフラビン酸化還元酵素を加えたベク

ターを哺乳類細胞に導入した結果、基質ルシフェリンを含めた外部因子を加えることなく、一細胞レベルの発光が確認されました。バクテリア発光システムによって、完全自立型発光哺乳類細胞が構築できました。今後の課題は、この発光をどのように制御するのか、どこまで個体で再現できるかということでしょう。

●図5-5

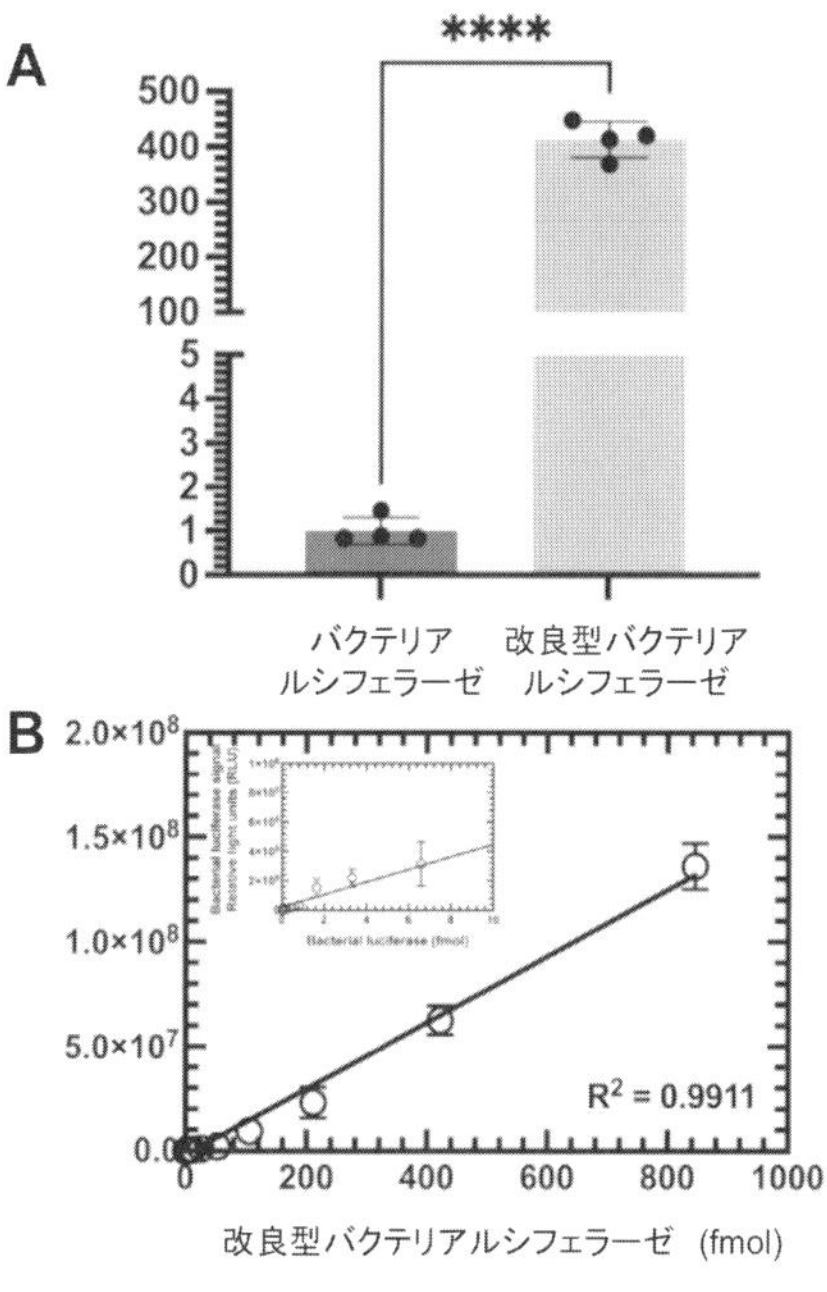


Phonbuppha J *et al.*: *J Biol Chem*. 299, 104639, 2023の図を一部改変

(A)発光バクテリアルシフェラーゼ、哺乳類発現用改良型ルシフェラーゼの発光強度の違い。(B)改良型ルシフェラーゼの検出感度曲線よりフェムトモルレベルの検出限界を示す。

SECTION 24

# 発光キノコが起こす植物革命

江戸時代の加越能三州奇談という本の中に、「暗い夜道にツキヨダケを下げて（照らして）歩けば、夜道を歩ける」と書かれています。暗い夜道なら発光キノコは灯りの1つとして持ち入れられていました。現在、この仕組みを用いた光る木ができています。未来の光、発光キノコを紹介いたします。

## 日本の発光キノコ

山や森を夜中に歩いているとぼやっとした光が見えることがあります。昔の人たちはこれを「きつね火」と呼んでいました。しかし、この正体の1つは、実は発光キノコだったのです。キノコをよく見ると、傘のヒダや柄（合わせて子実体という）、菌糸や胞子など、さまざまな部分が光っています。江戸時代には、今の富山、石川県の伝説や伝承を集めた加越能三州奇談に登場するLampteromyces属のツキヨダケは、日本の代表的な原生林を構成する落葉樹のブナ林の朽木や樹幹に自生しています。傘の長径が15㎝に達するものがあるほどの大型のキノコです。キノコは傘、ヒダ、柄、菌糸、胞子が発光しますが、ツキヨダケは傘の裏側のヒダ部分から青白い光を放っています。また、胞子を水にぬらすとよく光ることも知られています。当初、日本の固有種と思われていましたが、朝鮮半島でも見られるそうです。なお、シイタケの近くに自生することから間違って採取することがありますが、毒キノコですので、要注意です。

## 小さなキノコが織りなす光る森

日本に多く自生する発光キノコとして有名なシロヒカリダケ、ヤコウダケやシイノトモシビタケはMycena属の仲間です(図5-6)。主に傘の直径が1㎝、柄の1㎝程の小型のものですが、目立つ緑色の光で森の中を彩っています。特にヤコウダケはグリーンペペという愛称もあり、関東以西から東南アジア、オセアニア地域を含む広い範囲に自生しています。小笠原諸島や八丈島ではナイトツアーも行われています。オーストラリアのケアンズ近くの森で見たグリーンぺぺは圧巻でした。

## キノコの発光の仕組みは?

発光キノコの発光システムは、ルシフェリンが単に自然に酸化する化学発光という説とルシフェラーゼが存在するルシフェリン・ルシフェラーゼ反応の生物発光という説の2つがありました。これは、水抽出でルシフェラーゼがうまく取り出せなかったため、ルシフェリン・ルシフェラーゼ反応を検証できなかったためです。よって、多くの研究者がルシフェラーゼはなく、ルシフェリンのみの化学

●図5-6

提供:産総研・丹羽一樹

発光キノコ(シイノトモシビタケ)明視野と発光を撮影した。

発光という説を提案していました。

しかし、2010年代、ロシアとブラジルの研究者が、ヒスピジンという化合物がルシフェリンの前駆体であり、NADPH（ニコチンアミドアデニンジヌクレオチドリン酸）依存型の酵素によってルシフェリンとなり、即座にルシフェラーゼの酵素反応で酸化され発光することを解明したのです（図5-7A）。つまりルシフェリンの構造は他のものとはまったく違っていて、発光には2つの酵素が必要でした。そのため、デュボアの定義したルシフェリン・ルシフェラーゼ反応として、当初考えにくかったわけです。

## 発光キノコのルシフェラーゼ

発光キノコNeonothopanus nambiのルシフェラーゼLuzは267個のアミノ酸から成り立つ分子量約3万のタンパク質で、他の発光キノコのルシフェラーゼとも高い相同性を持っています。バクテリアの章でも紹介しましたが、発光にかかわる遺伝子群がクラスターを組むことがあります。キノコでも同様でルシフェラーゼ（Luz）、

●図5-7

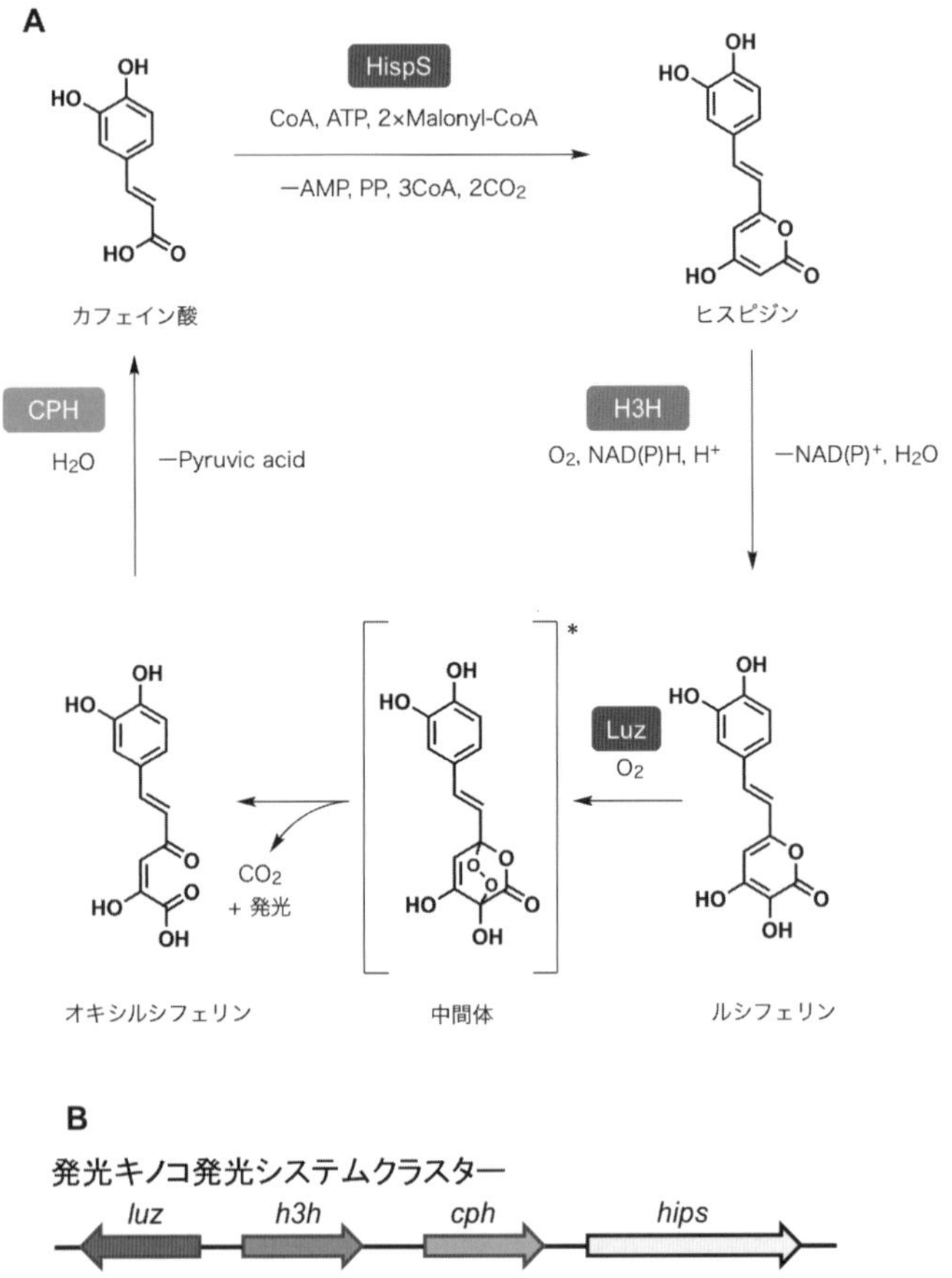


Kotlobay AA *et al.*: *Proc.Natl.Acad.Sci.USA* 115, 12728-32, 2018の図の一部改変

(A)発光発光キノコの発光分子メカニズム。カフェイン酸からルシフェリンが作られ、オキシルシフェリンはカフェイン酸を生合成する。(B)カフェイン酸·ルシフェリンサイクルに関連する遺伝子クラスターを示す。

3-ヒドロヒスピジンヒドラーゼ（*h3h*）、ヒスピジン合成酵素（*HispS*）、カフェイルピルビン酸ヒドラーゼ（加水分解）酵素（*cph*）遺伝子群がクラスターを組んでいます（図5-7B）。ルシフェリンの原料となるカフェイン酸はHispSによりヒスピジンとなり、次にH3H（酵素になると大文字）によりルシフェリンが生成します。このルシフェリンは即座にLuzによりオキシルシフェリンとなり、光が生れます。発光後のオキシルシフェリンはCPHによりカフェイン酸が再生されます。当初、発光キノコのルシフェリン、ルシフェラーゼ反応が見つかりにくかったのは、比較的安定なカフェイン酸からオキシルシフェリンまでスムーズに反応が進むため、中間的なルシフェリンが捕捉し難いためとも考えられます。

## 未来の光エネルギー

ヒスピジンから合成されたルシフェリンが発光反応を経て生まれるのがオキシルシフェリンです。このオキシルシフェリンはCPHよってカフェイン酸に変換されます。

一方、動物にはありませんが、植物や微生物にはシキミ酸経路というフェニルアラニンやトリプトファンなどの芳香族アミノ酸を生合成する経路によってカフェイン酸が合成されます。カフェイン酸自身は植物にとって、とても重要なリグニンを作るための原料でもあります。ロシアの科学者たちは、植物のカフェイン酸サイクルがあることに注目しました。都合の良いことに、カフェイン酸は何段かの反応を経てヒスピジンとなります。ヒスピジンさえできれば、後は植物にはないルシフェリン合成酵素とルシフェラーゼさえあれば、植物は自動的に光ることになります。彼らは2つの酵素を含む4つの酵素クラスター遺伝子を植物に導入することでキノコの発光を植物で再現しました。発光キノコの酵素を導入した植物は、何の手を加えなくとも発光キノコと同じく緑色に発光します(図5-9)。これこそ、環境にやさしい究極の光エネルギーかもしれません。

●図5-9

発光キノコの遺伝子を導入した植物の発光を撮影した(I Yampolsky 博士提供)

SECTION 25

# 発光性渦鞭毛藻類の光はクロロフィルの力

発光キノコはカフェイン酸という植物のごく普通に存在する化合物をルシフェリンの原材料にしていますが、同様に身近な化合物を材料としたものに渦鞭毛藻の光があります。渦鞭毛藻のルシフェリンは光合成の主役であるクロロフィルを原材料としています。植物の仕組みを最も利用した渦鞭毛藻類の光の仕組みを紹介しましょう。

## 光る海、燃える海を演出する光

1772年10月30日金曜日に喜望峰（ペンギン海岸）で光る海に遭遇し、ピンの頭のようなヤコウチュウ（夜光虫）を観察したことが、クックの航海記の中に記載されています。まさに毎年、夏が近づくと新聞記事等に登場する光る海は、古代から見慣れた不思議な光景の1つです。正体はヤコウチュウなどの発光性プランクトン（発光性渦鞭毛藻(虫)によるものです。この現象を、古くから水夫たちは〝光る海〟や〝燃える海〟と呼んでいました。

藻類は原生生物の1つですが、藻類の定義はわかりにくく、また、進化的なつながりのないものも含めて藻類と分類されます。通常、真正細菌であるシアノバクテリア(藍藻)から、単細胞真核生物である珪藻、黄緑藻、渦鞭毛藻など、あるいは多細胞生物である紅藻、褐藻、緑藻なども含みます。共通の考え方は地上に生息するコケ植物、シダ植物、種子植物を除く光合成できる生物を指しています。その中でも渦鞭毛藻は2本の鞭毛を持つ藻類の総称です。

渦鞭毛藻類はおよそ2000種いるといわ

●図5-10

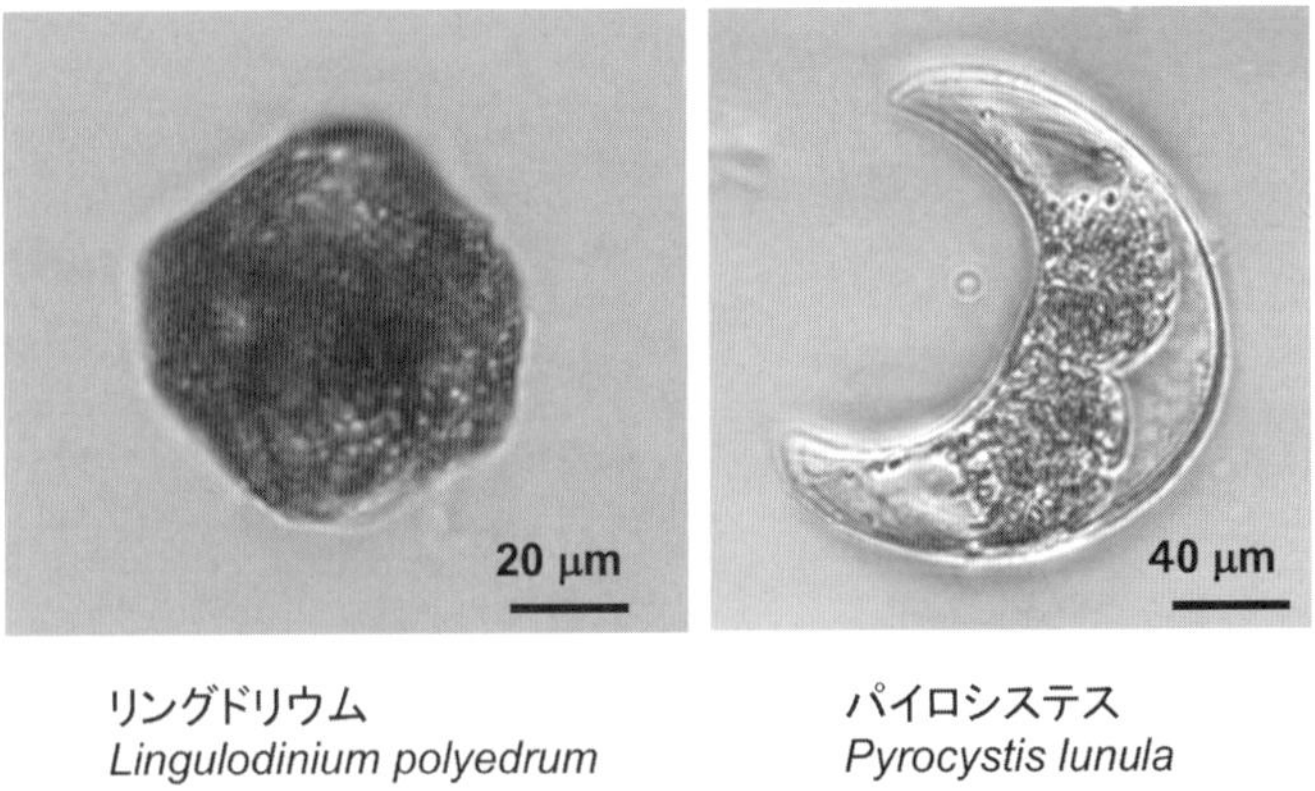


リングドリウムLingulodinium polyedrum、パイロシステスPyrocystis lunulaの実体顕微鏡写真を示す。

れています。実は発光する種は多くなく、リングドリウムLingulodinium polyedrum（以前はゴニオラクスGonyaulax polyedrumと記載）、パイロシステスPyrocystis lunulaなどです（図5-10）。一方、光合成能を持ち合わせないヤコウチュウNoctiluca scintillansもこの仲間であるとされています。形も多様で、硬い殻に囲まれたもの、ゾウリムシのようなものもいます。また遺伝子解析によるとマラリア原虫にも近い種でもあります。いずれにしても分類の難しいユニークな藻類の仲間です。

## 光合成で使ったクロロフィルがルシフェリンに

すべての発光性渦鞭毛藻のルシフェリンは同一の構造を持ち、テトラピロール環を有しています。テトラピロール環を有するルシフェリンを持つ発光生物にはオキアミもいますが、構造は少し異なっています。

ルシフェリンの絶対立体配置を調べた結果、ルシフェリンの基本骨格はクロロフィルaと同一です。そこで、私たちは生きたリングドリウムでトレーサー実験（ある特定の物質をラベル化し追跡すること）を行い、ルシフェリンが葉緑体の中にあるクロロフィルaから作られることを明らかにしました。

つまり、発光性渦鞭毛藻は日中に光合成を行い、夜間に近づくとクロロフィルからルシフェリンが作り始め、そして夜間に光り始めます。そして朝になるとルシフェリンが分解されてしまいます。これらの仕組みは厳密な体内時計で制御されていると考えられています。現在、考えられているルシフェリンの生合成過程は図5-11のように考えられてはいますが、まだ、合成酵素は同定されていません。

●図5-11

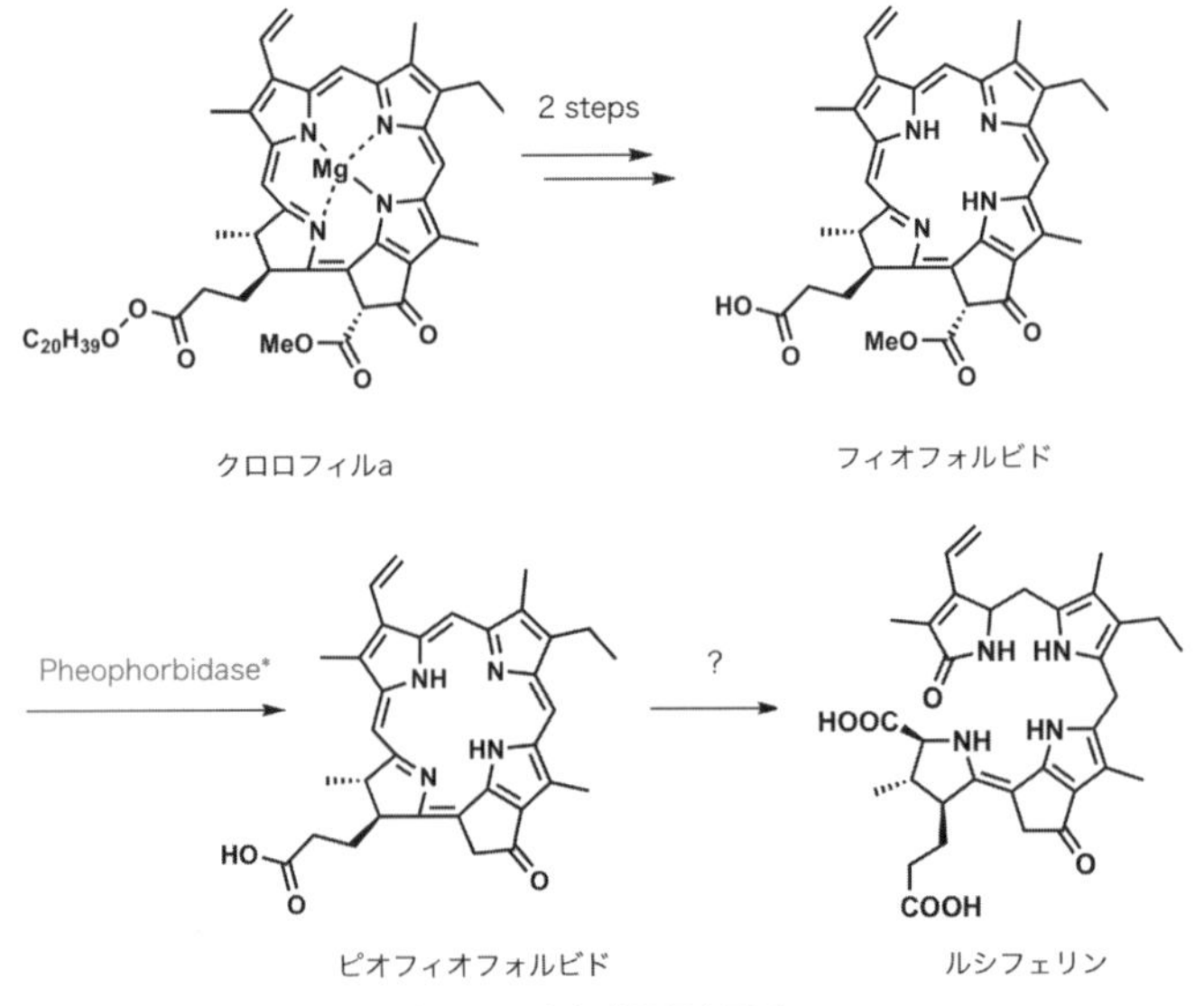


渦鞭毛藻ルシフェリンの想定される生合成過程を示す。

## ルシフェリンが酸化して光が生まれることが不思議？

渦鞭毛藻ルシフェリンは酸化されてオキシルシフェリンになります(図5-12)。この反応では他の生物発光のように二酸化炭素$CO_2$は生成されず、水$H_2O$が生成します。不思議なことに、オキシルシフェリンは蛍光性がありませんので、他の発光システムのように励起されたオキシルシフェリンから光が出ることはありません。一方、クロロフィルから作られたルシフェリンには蛍光性があり、しかも、その蛍光スペクトルが発光スペクトルと一致することから、酸化反応で生まれたエネルギーが近くにあるルシフェエリンを励起し発光するという考え方が想定されています。また通常、発光反応の分子メカニズムとして酸化反応の中間改定

●図5-12

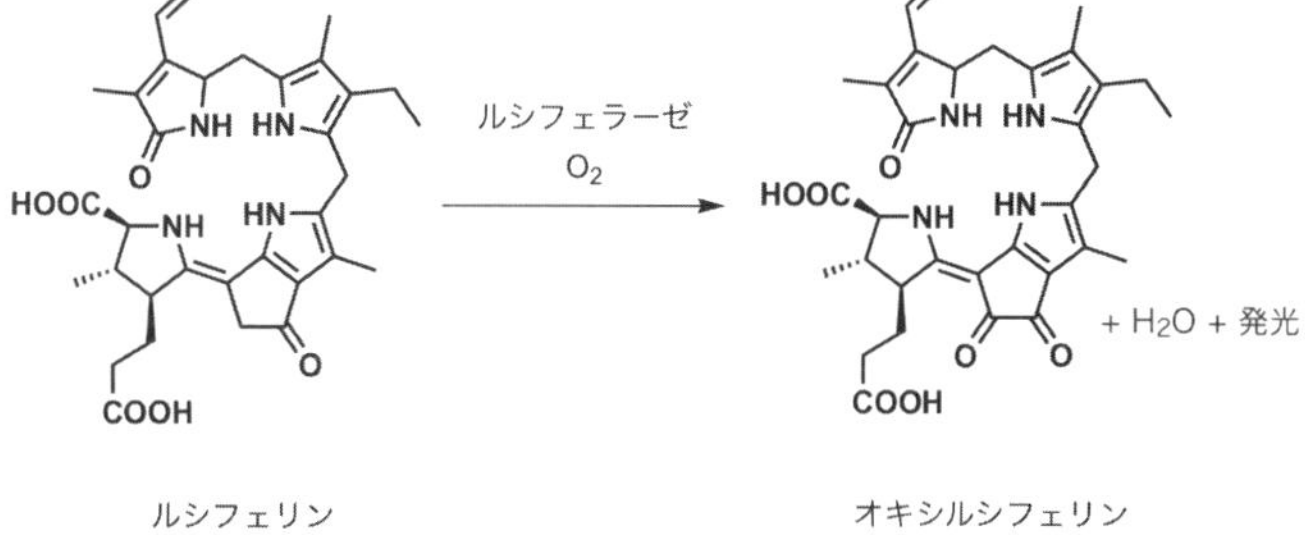


渦鞭毛藻における発光化学反応を示す。

においてジオキセタン構造が高いエネルギーを生み出すと考えられていますが、これも不明です。よって、まだまだ未知な発光システムです。

## 発光する仕組みをひも解く

では、渦鞭毛藻の中では何が起きているのでしょうか？　直径約40μmのリングドリウムの中には、夜間のみ0・5μm程度の大きさの細胞内小器官シンチロン（油滴のようなもの）が出現し、この中にルシフェリン、ルシフェリン結合タンパク質（LBP）、ルシフェラーゼ（Luc）の3つが存在します（図5-13上）。刺激によって一個体あたり100ミリ秒間に強い光を発し、これがフラッシュ発光と呼ばれるものです。一方、明け方2〜3時間にかけて見られるのがグロー発光と呼ばれる刺激に依存しない、フラッシュ発光に比べて非常に弱い自発的な光です。これは、明るくなる時間に近づくと徐々にシンチロンが分解するためです。いずれにしても夜間にしか光る仕組みはできません。

では、シンチロンの中で何が起きているのでしょうか。リングドリウムに外部から刺激が加わると細胞表面に歪みが生じるか、あるいはそれを感知するセンサーのようなものを通じて、シンチロン内にプロトン（水素イオン）が流入します。すると内部のpH環境がアルカリまたは中性から酸性になり、ルシフェラーゼが酵素の至適pH（酵素反応が起きやすい条件）に達し活性化されます。一方、ルシフェリン結合タンパク質はルシフェリンの酸化を保護するためアルカリ環境下ではルシフェリンと結合し酸化を防ぎますが、シンチロン内のpH環境が酸性になることで、ルシフェリンとタンパク質の結合がなくなり解放され、発光反応に必要なルシフェリンとなります。つまりシンチロン内部が酸性状態になることでルシフェリン・ルシフェラーゼ反応が開始され、発光します（図5-13下）。

●図5-13

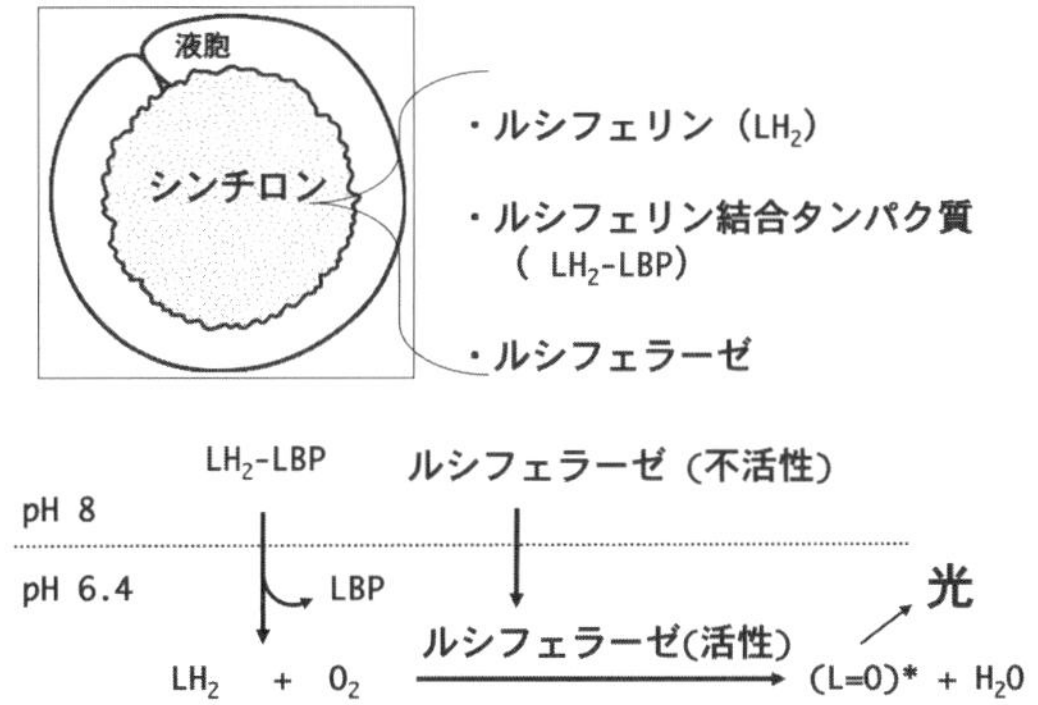


夜間、リングドリウムの中にシンチロンが作られ、その中に生物発光のためのルシフェリン、ルシフェリン結合タンパク質、ルシフェラーゼが合成され、pHが変化することで化学反応が開始される。

## ルシフェラーゼの鍵は6つのヒスチジン残基

発光生物の既知の酵素反応の中で最適pHが酸性条件下であるものは渦鞭毛藻の発光反応だけです。では、どうして酸性条件にならなければルシフェラーゼは活性化されないのでしょうか？　リングドリウムのルシフェラーゼは分子量約14万の比較的大きなタンパク質です。ただし、この中にはお互いに構造が似た分子量約4万の3つのドメイン（立体の構造体ユニット）から成り立っています（図5-14A）。この酵素のユニークな点は1つのドメインでもルシフェラーゼとして機能することです。ここで重要なのは各ドメインにある6つのヒスチジンというアミノ酸残基です。6つのヒスチジンはアルカリ条件下でお互いに分子間結合し、ルシフェラーゼは鍵がかかった状態となっています。シンチロン内が酸性になると、ヒスチジン同士の結合がなくなり鍵が開いた状態となり、ルシフェリンがルシフェラーゼの活性部位に入り、酸素と反応して光を発します。一方、6つのヒスチジンを除いてもルシフェラーゼは機能し、この場合、pH7以上でもルシフェラーゼは触媒としてルシフェリンの酸化を助け、発光するようになります。

ヤコウチュウルシフェラーゼはリングドリウムのルシフェラーゼのドメインの一部とルシフェリン結合タンパク質の一部がハイブリット(融合)し、1つになった珍しい構造です(図5-14B)。6つのヒスチジンがないことから鍵がかかっていない状態で、アルカリでも、酸性条件下でも発光します。ルシフェリン結合タンパク質の一部が発光を制御しているかもしれませんが、これは十分に解明されていません。

●図5-14

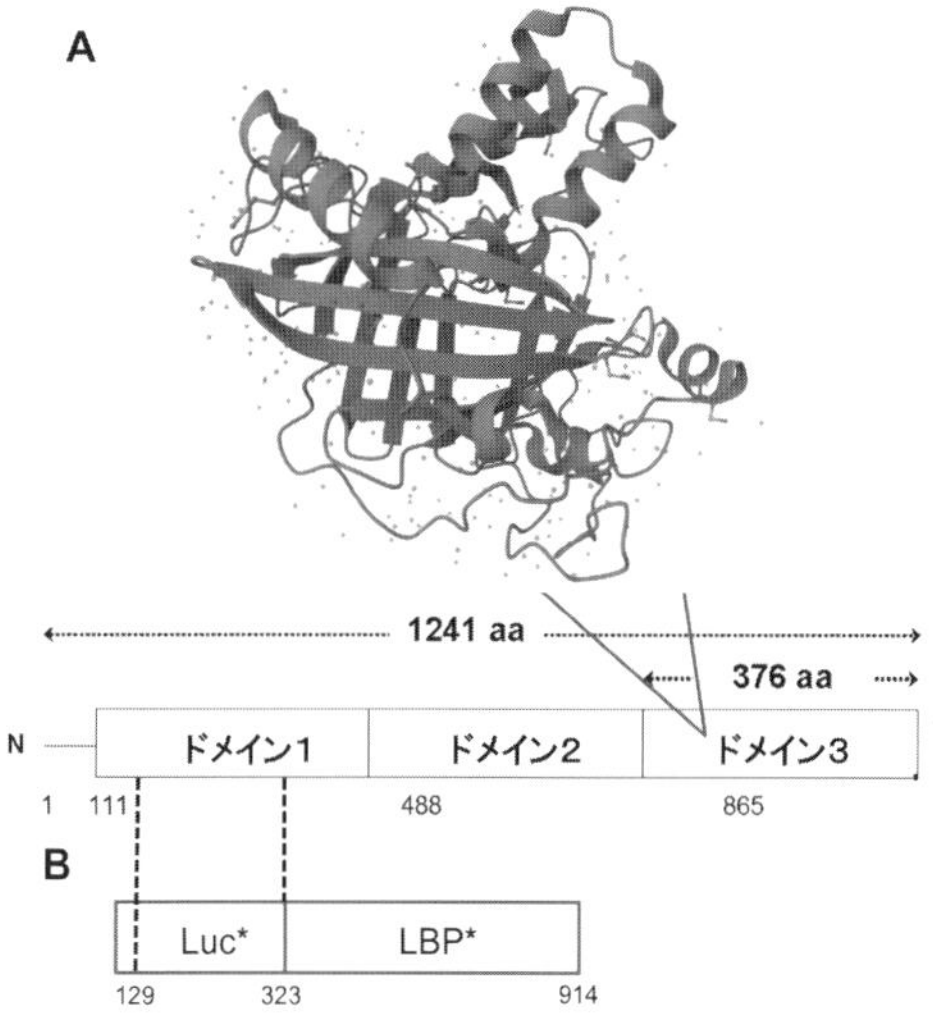


Luc*：ルシフェラーゼ、LBP*：ルシフェリン結合タンパク質

立体構造Aはhttps://www.rcsb.org/3d-view/1VPR/1

(A)3つの相同するタンパク質構造と渦鞭毛藻ルシフェラーゼドメイン3の立体構造、(B)ヤコウチュウルシフェラーゼのタンパク質構造を示す。

## 渦鞭毛藻ルシフェリンにまつわる3種の発光生物

オキアミは節足動物軟甲亜綱オキアミ目に属する生物です。この種に近いものに発光するエビ類がいますが、第3章で紹介したセレンテラジンをルシフェリンとしています。しかし、オキアミは渦鞭毛藻ルシフェリンの2箇所が水酸化された構造のルシフェリンで発光します。オキアミがルシフェリンをどのように獲得したかは不明で、ルシフェラーゼにあたるタンパク質も未同定のままです。生物発光が難しい点は、このように生物学的に近い生物なのに違ったルシフェリンを

●図5-15

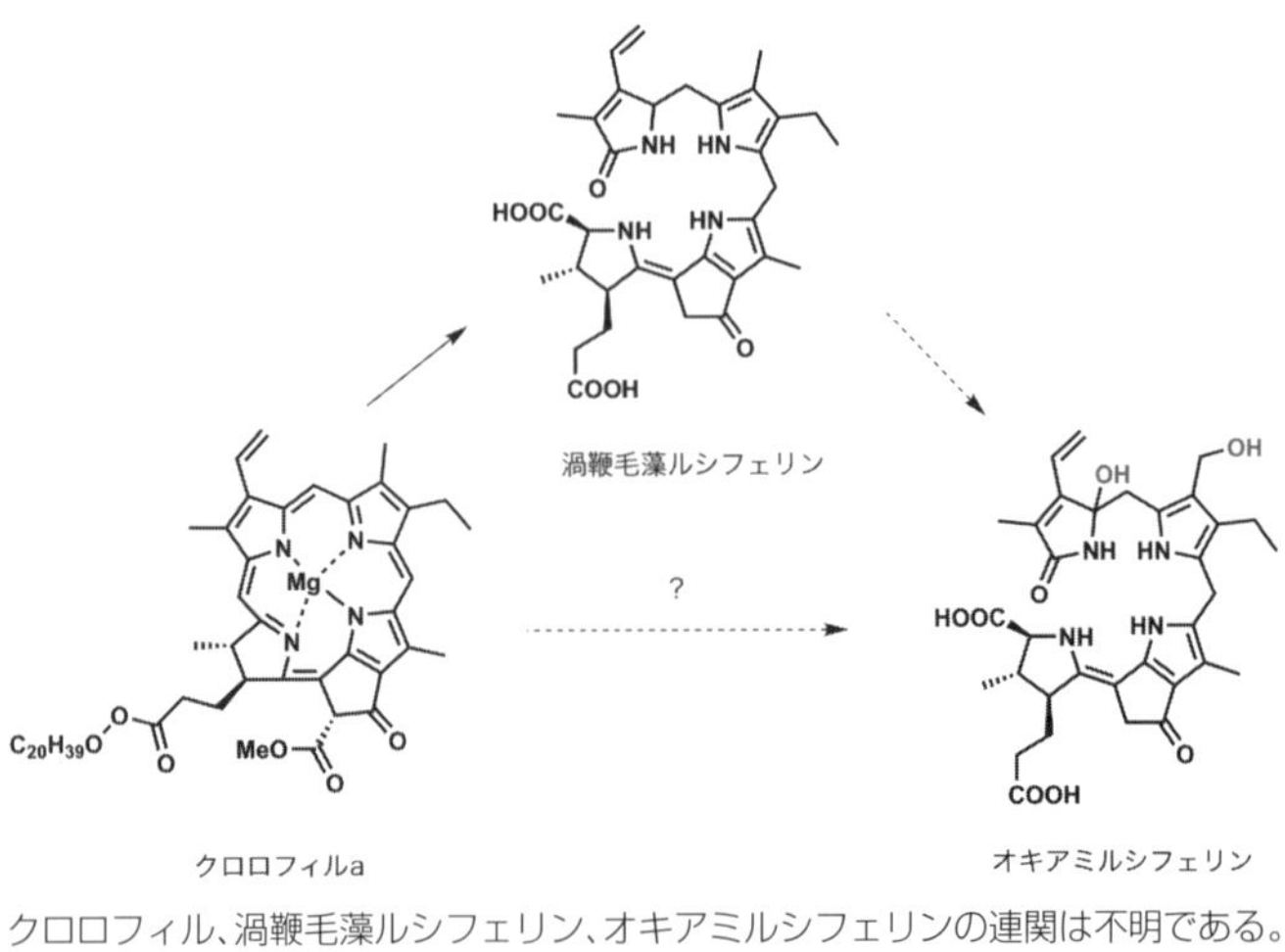


クロロフィル、渦鞭毛藻ルシフェリン、オキアミルシフェリンの連関は不明である。

持つ一方、まったく遠い生物同士が類似したルシフェリンを使っている点かもしれません。

渦鞭毛藻ルシフェリン、あるいはその類似体をもつ生物として、クロロフィルを持っていないオキアミや動物性の発光性渦鞭毛虫（例えばヤコウチュウ）がいます。おそらく食物連鎖を利用してルシフェリンあるいは類縁体を獲得した可能性がありますが、食餌で得たクロロフィルから自らルシフェリンを作るのか、あるいは渦鞭毛藻を食べることでルシフェリンを獲得するかはまったく不明です（図5-15）。

## 渦鞭毛藻ルシフェラーゼはどんな細胞でも合成可能

渦鞭毛藻ルシフェラーゼがユニークな点は原核生物の大腸菌でも、真核生物の哺乳類細胞でも活性のあるルシフェラーゼが生産できることです。光合成ができる生物なら、もちろんクロロフィルを持っていますので、将来的に解明されたルシフェリン合成経路とルシフェラーゼを植物やラン藻などの藻類に導入できれば、自生し自動で発光する生物が創製されるでしょう。ここにも未来の光の卵があります。

SECTION 26

# ゴカイの発光の不思議

ゴカイといってもシリース科、ツバサゴカイ科、フサゴカイ科等の姿かたち、発光色の異なる発光生物群ですが、最近、少しずつ発光の仕組みが見えてきました。また、応用に使われた実績はありませんが、解明されつつある仕組みを最後に紹介します。

## 発光ゴカイといっても多種多様

発光ゴカイは環形動物多毛目に属しますが、シリース科、ツバサゴカイ科、フサゴカイ科、オヨギゴカイ科など属しており、日本の沿岸では多くの発光ゴカイを観察できます。図5-16は富山県滑川市で採取されたオドントシリースと近くの石川県能登島で採取されたフサゴカイです。オドントシリースは緑色の、フサゴカイは青紫色の光を放ちます。

富山湾のオドントシリースは10月初旬の、それも不思議と日没後30分程度しか採取できません。おそらく牡蠣貝のすき間の中や砂の中に生息するのかもしれませんが、海面に光をあてると、その光を目掛けてやってくるので、網で採取できます。生殖活動の一環とも考えられていますが、その理由は十分に解明されていません。光は緑色(最大発光波長510nm)で、身体全体から染み出すように光の液を分泌します。定法に従いオドントシリースの熱抽出物と水抽出物を加えると発光が確認できます。これによって、この発光が典型的なルシフェリン・ルシフェラーゼ反応であることがわかります。

一方、フサゴカイは比較的浅瀬の底にある小さな石の窪みの中に生息しており、少しストレスをかけることで窪みからでてくるので、その時に採取できます。フサゴカイというくらいですから、長い房を持っており、ここがピカピカと

●図5-16

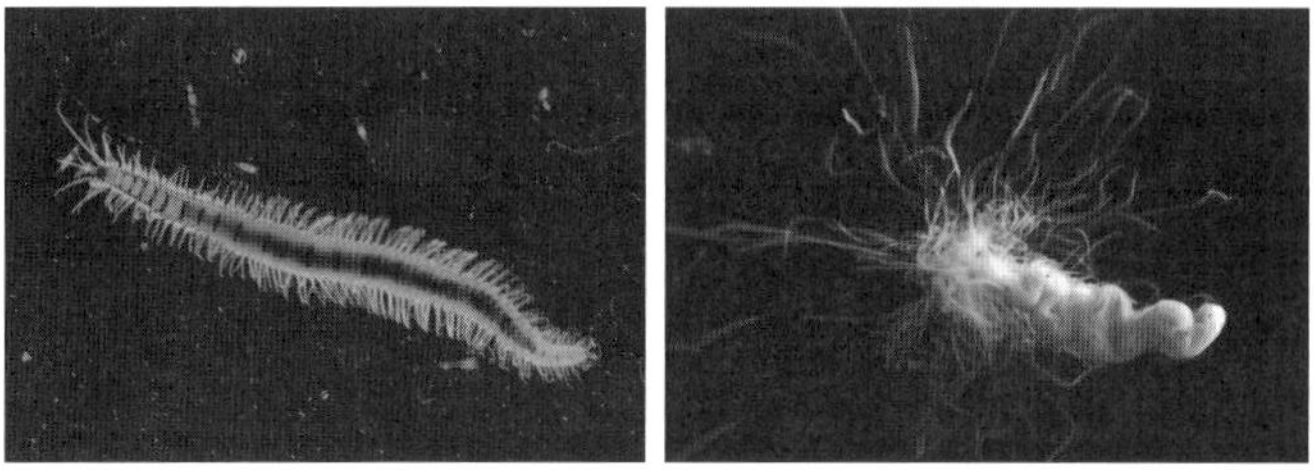

(左)富山湾で採取したオドントシリースを明視野で撮影、(右)能登島で採取した発光フサゴカイを明視野で撮影した。

刺激に併せて青紫色の光りを発します。この長い房の特徴から、海外ではギリシャ神話の怪物メドゥーサという名前も付けられています。オドントシリースのようなルシフェリン・ルシフェラーゼ反応を示さないことから発光タンパク質のような仕組みかもしれませんが、まだ不明です。

## ゴカイの発光システム

オドントシリースルシフェリンは、2019年ロシアのグループによって決定されました。このグループは発光ミミズ、発光キノコと立て続けて新規のルシフェリンの構造決定に成功しています。オドントシリースルシフェリンの構造は既知のものとはまったく異なっており、単純な酸化反応でオキシルシフェリンと光が生まれると考えられます(図5-17)。

オキシルシフェリンは緑色の蛍光を発することから発光色と

●図5-17

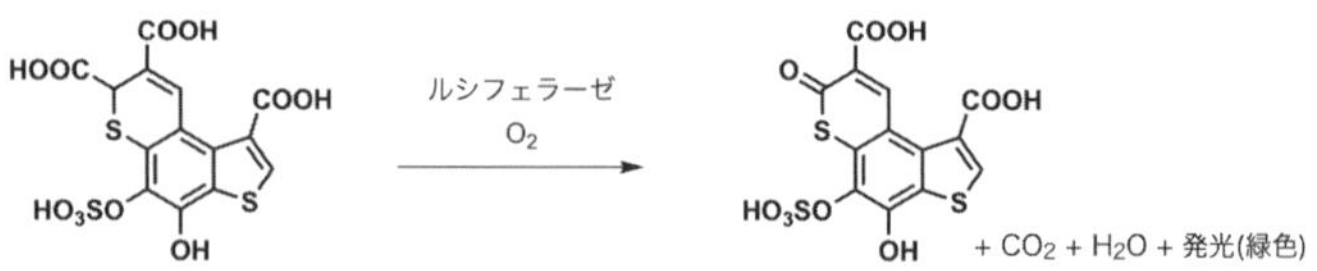


Kotlobay AA *et al.*: *Proc.Natl.Acad.Sci.USA* 116, 18911-6, 2019の図の一部を改変

オドントシリースルシフェリンの発光化学反応を示す。

一致しており、オキシルシフェリンが酸化反応のエネルギーを受けて光を発すると考えられます。

彼らはこのルシフェリンの出発物質を動物内では脳内の神経伝達物質の1つであるL-Dopaレボドパを想定し、アミノ酸の1つであるシステインもかかわる何段かの酵素反応を経て生合成できると予想しております(図5-18)。光る植物ではありませんが、脳内の情報伝達で発光することができれば、脳内情報の新たな可視化手段となることが大いに期待できます。

●図5-18

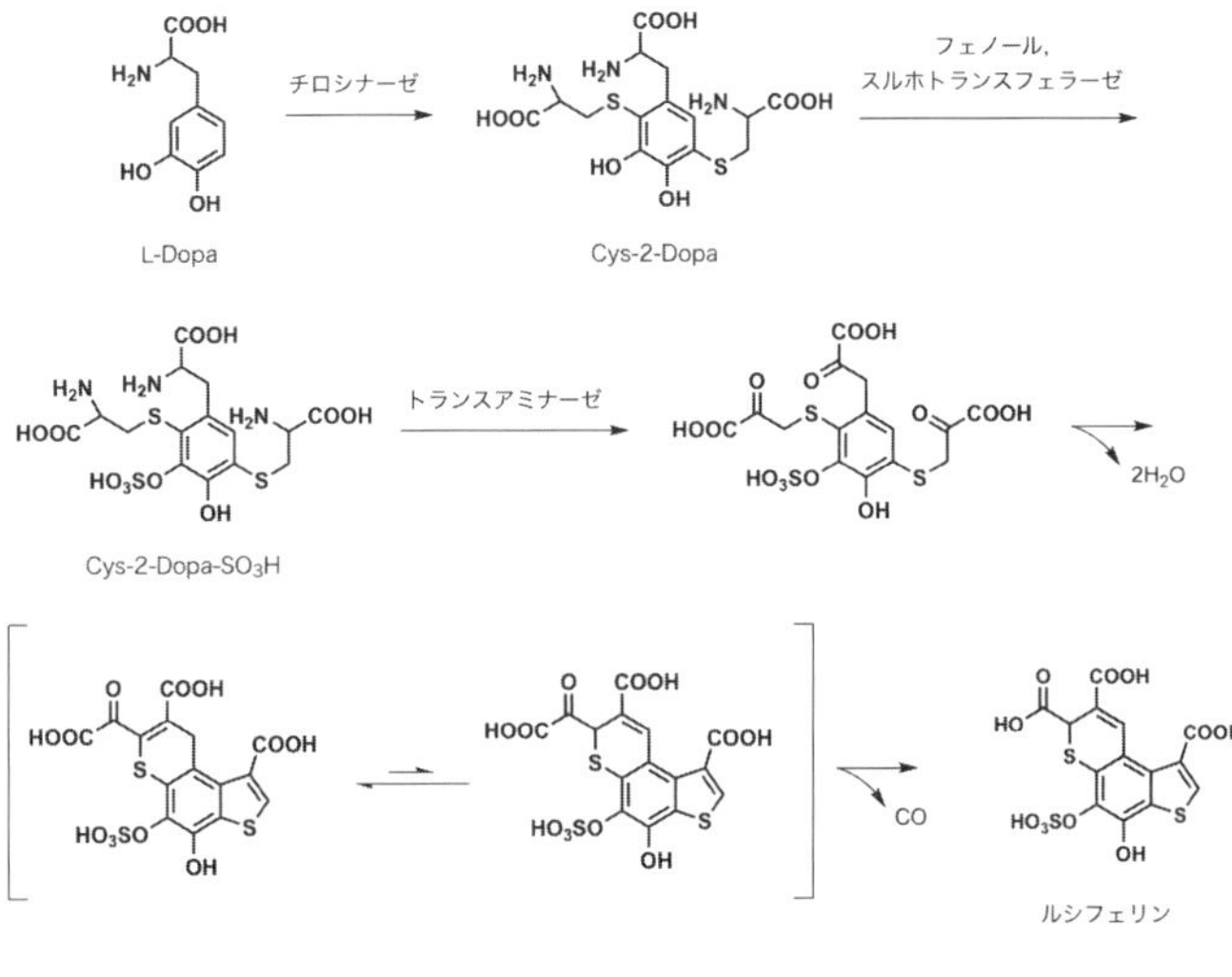


Kotlobay AA *et al.*: *Proc.Natl.Acad.Sci.USA* 116, 18911-6, 2019の図の一部を改変

オドントシリースルシフェリンの想定される生合成経路を示す。

## ゴカイルシフェラーゼの特徴

産総研の三谷らは毎年、富山湾でオドントシリースを採取し、はじめにRNA-Seqという手法で、オドントシリースの中で作られているタンパク質を解析して、遺伝子情報のデータベースを作成しました。問題は何が、ルシフェラーゼであるかです。そこで、生きた5匹のオドントシリースに軽い刺激を与え、発光液を回収、これを分離、精製し、ルシフェラーゼを特定しました。ルシフェラーゼの部分構造を決定し、そのデータをもとにルシフェラーゼ遺伝子をデータベース上から見つけ出しました。そして、遺伝子工学的な手法でタンパク質を合成し、ルシフェリンと反応し発光することを確認しました。2018年にオドントシリースルシフェラーゼは特定されました。驚いたことに数億のデータを有する公共データベース上に似たタンパク質はまったくありませんでした(図5-19)。

●図5-19

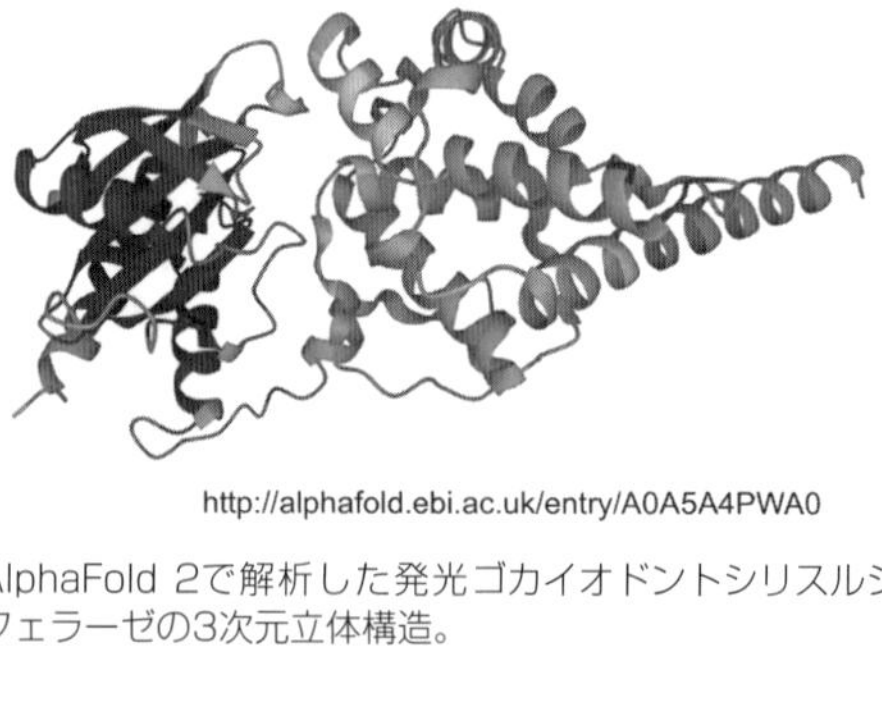

http://alphafold.ebi.ac.uk/entry/A0A5A4PWA0

AlphaFold 2で解析した発光ゴカイオドントシリスルシフェラーゼの3次元立体構造。

オドントシリースルシフェラーゼはアミノ酸328個からなるタンパク質です。同定された遺伝子は大腸菌では発現しませんでしたが、哺乳類細胞では発現し、このタンパク質に抽出したルシフェリンを加えると510nmの光を発します。なお、タンパク質は分子進化という言葉もありますが、何らかの起源となるタンパク質があり、その構造が少しずつ変化し進化すると考えられています。よって、構造が似たタンパク質が見つかるのが普通でしたが、まったく見つかりませんでした。いったいどうして、このタンパク質ができたのか、ミステリーだらけです。

この章では発光バクテリア、発光キノコ、発光性渦鞭毛藻、発光ゴカイを取り上げましたが、これ以外にもルシフェリン構造が異なる発光貝ラチア、発光ミミズなど新規の発光系も研究されていますが、それらは応用研究にたどり着くほどの基礎研究の蓄積がないのが現状です。しかし、これらの発光システムもいずれわかる時が来るでしょうから、その時には新たな応用の道が開かれるでしょう。多くの研究者やその卵たちが、生物発光の面白さを追求していただきたいと思います。

## ■参考文献


【著書等】

Harvey E.N. Bioluminescence, Academic Press INC. (1952)

Harvey E.N. A History of Luminescence - From the earliest times until 1900, Dover Publications INC (1957)

Shimomura O. Bioluminescence - Chemical Principle and Methods-, Mainland Press Pte Ltd (2006)

T Wilson & J. W. Hastings, Bioluminescence - Living Light, Lights for Living, Harvard University Press(2013)

羽根田弥太　発光生物、恒星社厚生閣(1985)

今井洋一編集　生物発光と化学発光-基礎と実験 - 廣川書店(1989)

今井洋一、近江谷克裕編集 バイオ・ケミルミネセンスハンドブック 丸善(2006)

木下修一、太田信廣、永井健治、南不二雄編集　発光の辞典-基礎からイメージングまで - 朝倉書店(2015)

近江谷克裕訳(マーク ジマー"Bioluminescence"):発光する生物の謎 西村書店(2017)

小澤岳昌、永井健治編集　実験医学別冊「発光イメージング実験ガイド」羊土社(2019)

【総説等】

丹羽 一樹, 中島 芳浩, 近江谷 克裕:発光甲虫プローブを用いた細胞機能解析　生化学　87　:675-85(2015)

近江谷克裕:発光生物の光る仕組みとその利用　化学と教育　64:372-375 (2016)

近江谷克裕:生物発光物資303-311頁、藻類ハンドブック NTS(2012)

## ■著者紹介


**近江谷《おおみや》 克裕《よしひろ》**

国立研究開発法人　産業技術総合研究所（産総研）　生命工学領域　首席研究員、タイVISTEC大学院大学　招聘教授、ブカレスト大学・大阪工業大学・鳥取大学　客員教授

1990年医学博士号取得後、（財）大阪バイオサイエンス、科学技術振興機構、静岡大学、北海道大学、産業技術総合研究所などを経て2020年より現職。専門は生化学、光生物学、細胞工学。大阪バイオサイエンス研究所時代に生物発光研究の第一人者であるFrederick辻、下村脩、W Hastingsらに会い、生物発光の世界に。発光甲虫、ウミホタル、発光性渦鞭毛藻などを対象に世界各地のフィールドワークから医学分野での応用まで、基礎、応用、製品化研究を推進する。国際生物発光化学発光学会元会長・現評議員を務め世界各地に生物発光研究のネットワークを持つ。大好きなブラジル、ルーマニアやタイでのんびり研究を続けたいと夢想している。

**西原《にしはら》 諒《りょう》**

国立研究開発法人　産業技術総合研究所（産総研）　生命工学領域　主任研究員、科学技術振興機構（JST）さきがけ研究者

2017年工学博士取得後、日本学術振興会特別研究員PD、スタンフォード大学客員研究員、旭化成株式会社、産業技術総合研究所などを経て2023年より現職。専門は分析化学、生化学、有機化学。慶應義塾大学学部生時代に、近江谷克裕、今井一洋著「バイオ・ケミルミネスセンスハンドブック」（2006年、丸善出版）を読んで生物発光研究を志す。発光基質ルシフェリンを研究対象に、基礎、応用研究を推進する。最近は新型コロナウイルスのスパイクタンパク質がウミホタルのルシフェリンを発光させる現象を発見、この現象を利用したウイルス検知の新手法を提唱した。今後は、未知なる生物発光現象の謎解きに挑戦する予定だ。



編集担当：西方洋一 ／ カバーデザイン：秋田勘助（オフィス・エドモント）
写真：©twindesigner - stock.foto

**SUPERサイエンス 生物発光が人類の未来を変える**

2024年3月25日　　初版発行

著　者　近江谷克裕、西原諒
発行者　池田武人
発行所　株式会社　シーアンドアール研究所
新潟県新潟市北区西名目所 4083-6（〒950-3122）
電話　025-259-4293　　FAX　025-258-2801
印刷所　株式会社　ルナテック

ISBN978-4-86354-442-0 C0045





Printed in Japan